René de Préneuf

La Recherche de la Vie sur Mars

AF141252

René de Préneuf

La Recherche de la Vie sur Mars

MSL-Curiosity - Participation Française

Éditions universitaires européennes

Imprint
Any brand names and product names mentioned in this book are subject to trademark, brand or patent protection and are trademarks or registered trademarks of their respective holders. The use of brand names, product names, common names, trade names, product descriptions etc. even without a particular marking in this work is in no way to be construed to mean that such names may be regarded as unrestricted in respect of trademark and brand protection legislation and could thus be used by anyone.

Cover image: www.ingimage.com

Publisher:
Éditions universitaires européennes
is a trademark of
International Book Market Service Ltd., member of OmniScriptum Publishing Group
17 Meldrum Street, Beau Bassin 71504, Mauritius

Printed at: see last page
ISBN: 978-3-8416-6406-8

1

Table des matières

Avant propos: rappels historiques.

Depuis la découverte en 1870 par l'astronome italien Giovanni Schiaparelli des "canaux" martiens, la présence d'une forme de vie avancée sur Mars a enflammé les imaginations. Avant cela, Giordano Bruno et nos encyclopédistes avaient déjà répandu l'idée de la "pluralité des mondes habités". La croyance qu'une forme de vie, avancée ou non, existait sur Mars était communément acceptée dans les années 50 au début de l'ère spatiale. (Il suffit pour s'en convaincre de relire les livres de "leçon de choses" des années 50). La mise en évidence des changements de couleur de la planète avec les saisons en était la preuve irréfutable. Il n'est donc pas surprenant que, dès le début des années 60 quand l'homme a su envoyer des engins dans l'espace, Mars, la Planète Rouge, ait été un objectif privilégié.

Depuis le 10 octobre 1960 on ne compte pas moins d'une quarantaine de missions martiennes, initiées d'abord par l'URSS mais très vite rejointe par les Américains dans le climat de compétition qui était celui de la Guerre Froide. Le Japon avec Nozomi en 1998, l'Europe, avec Mars-Express-Beagle 2 en 2003 et la Chine avec Yinghuo en 2011, sont les derniers à avoir rejoint, ou tenté de rejoindre, la course. Les Indiens prévoient une mission vers Mars en novembre 2013. Nul doute que d'autres après eux ne se jettent un jour dans l'aventure, tant à la recherche de connaissances scientifiques que de reconnaissance internationale.

Ces missions sont allées du simple survol de la planète avec quelques prises de photos, à la mise sur orbite autour de Mars d'"orbiteurs" pour une observation prolongée, à la descente sur le sol de la planète d'atterrisseurs (landers) puis à la libération de robots mobiles (rovers), pour des examens rapprochés.

Près des deux tiers de ces missions s'est soldée par des échecs totaux ou partiels, au lancement de la fusée, en route vers la planète (perte de contact sur un trajet d'environ un demi-milliard de km), à la mise en orbite autour de Mars, à la descente des atterrisseurs dans l'atmosphère ténue et imprévisible de la planète et même, après l'arrivée sur le sol martien, dans le déploiement des divers rovers. Le déroulement jusqu'à présent sans accroc, du programme complexe MSL-Curiosity est donc d'autant plus remarquable et témoigne de la maîtrise acquise par les équipes américaines de la NASA et de JPL .

Si les premières missions ont bien été aiguillonnées, et facilitées financièrement, par l'immense curiosité populaire autour d'éventuels "martiens". Cette curiosité a rapidement été déçue par les premiers survols réussis de Mariner 4 en 1964 puis Mariner 6 en 1969, démontrant que les fameux canaux n'avaient rien d'artificiel et que la Planète Rouge ressemblait plus à l'hostile monde lunaire criblé de cratères d'impact qu'à notre verte Normandie. Les missions des sondes Viking 1 et 2 en 1975 avec la pose d'atterrisseurs et leur fonctionnement jusqu'au début des années 80 semblaient confirmer l'hostilité et la stérilité définitive du monde martien même au niveau d'une vie primitive. (Les missions Vikings ne mettaient en évidence aucun métabolisme ni même la présence de molécules organiques)

Aujourd'hui, près de quarante ans après les sondes Viking, on peut attribuer le renouveau d'intérêt pour la recherche de la vie sur Mars dont témoigne la complexe (et coûteuse) mission MSL, à deux prises de conscience parallèles:

- *d'une part sur la nature véritable de Mars, qui n'est en définitive, sur les plans géologiques et climatiques, pas une planète aussi morte qu'on le croyait et en tout cas beaucoup plus variée que n'est notre lune et,*

- *les avancées des connaissances effectuées dans les années 90 sur les conditions de la vie sur Terre et en particulier sur la présence de vie dans des milieux très hostiles où nul ne soupçonnait jusqu'alors qu'elle puisse exister et prospérer*

De là à proposer la théorie qu'une forme de vie, probablement peu évoluée, ait pu exister sur Mars, ou existe encore à l'état résiduel dans des niches écologiques particulières, il n'y avait qu'un pas à franchir, et c'est bien cette théorie que la mission MSL souhaite contribuer à confirmer ou à infirmer.

On attend donc de la mission MSL-Curiosity une contribution significative à la connaissance des conditions actuelles et passées de la planète Mars, de sa géologie, des propriétés de son atmosphère, et de son éventuelle biosphère. Le rayon d'action limité du rover tant en surface qu'en profondeur oblige à modérer les attentes mais la très complète instrumentation scientifique et la durée prévue de la mission, qui devrait se dérouler au moins sur les quatre saisons d'une année martienne, laissent beaucoup espérer aux scientifiques qui continuent à penser que, même si la probabilité de trouver des traces de vie actuelle ou passée sur Mars est faible, cette planète reste la meilleure candidate pour une vie extra-terrestre dans notre système solaire.

Il faudra sans doute attendre, avec des missions futures, le retour d'échantillons martiens sur terre voire l'envoi de géologues et de biologistes sur la Planète Rouge pour répondre de façon plus définitive cette fois, à la question de la vie sur Mars.

1- Pourquoi rechercher la vie sur Mars

Après les déceptions des premières missions Mariner et Viking de la décennie 1965-75, qui, non seulement n'avaient rapporté aucune trace de métabolisme actif sur Mars, mais aussi aucune trace de molécule organique, ce dernier point étant plus intriguant quant on sait la quantité de molécules organiques constituant les comètes qui ont percuté le sol martien depuis sa solidification. De là à penser que la nature très oxydante du milieu et le niveau de rayonnement à la surface de Mars n'était pas seulement impropre à l'émergence de la vie mais destructeur des "briques" constitutives de la vie elles mêmes.

Après un tel verdict sans appel on se doit d'expliquer pourquoi, vers la fin des années 90, un nouvel intérêt pour la recherche de la vie sur Mars s'est manifesté au point d'initier la nouvelle mission lourde de la NASA MSL- Curiosity. Ceci tient essentiellement à l'évolution des connaissances dans deux domaines que nous allons passer en revue.

1.1 Mars est plus variée et plus vivante que ne le laissaient entrevoir les premières missions Mariner et Viking

Alors que le premier survol réussi de Mars par Mariner 4 en 1964 n'avait fourni les photos (21 photos) que d'un petit échantillon de la surface martienne très comparable à la surface lunaire, les orbiteurs qui suivirent, Mariner 9 en 71 puis les orbiteurs des deux sondes Viking jusqu'au milieu des années 80 donnèrent une image beaucoup plus complète de la géographie, de la géologie et de l'atmosphère martienne. Les 50 000 photos retournées par les orbiteurs Viking, puis les relevés effectués plus récemment par les orbiteurs Mars Global Surveyor entre 1996 et 2006, Mars Odyssey (mission toujours en cours depuis 2001), Mars-Express (mission en cours depuis 2003) et enfin Mars Reconnaissance Orbiter (mission en cours depuis 2004) contribuèrent à dresser un portrait de Mars beaucoup plus nuancé. Non seulement Mars présentait aujourd'hui des milieux physiques variés mais ces milieux physiques étaient eux mêmes en évolution ce qui a permis à un scientifique de la NASA de dire *"Mars is a warm corpse, if not a fire-breathing dragon"* (Si Mars n'est pas un dragon crachant le feu, c'est un cadavre encore tiède).

Voici quelques traits de la diversité martienne présente aujourd'hui (voir quelques exemples sur les figures 1 et 2) :

- Grande dichotomie Nord/Sud: le Nord est occupé par un large bassin peu cratérisé, donc de formation relativement récente, déprimé de plusieurs kilomètres par rapport au niveau moyen de la planète relevé par MGS. Le Sud est occupé par des terres élevées anciennes et criblées de nombreux cratères.

- De gigantesques volcans dans la partie médiane de la planète, les plus élevés dans la région du Tharsis dépassent 25 km. Ces volcans, du type "bouclier" comme ceux de l'archipel de Hawaï, ont pu atteindre ces altitudes du fait de la faible gravité de Mars mais aussi de l'absence de tectonique des plaques qui fait que les volcans sont restés à l'aplomb de leur chambre magmatique pendant toute leur activité, ce qui n'est pas le cas des volcans hawaïens qui ont perforé la croûte terrestre en différents points au fur et à mesure de la dérive de la plaque continentale. L'activité des volcans martiens semble ne s'être arrêtée qu'assez récemment et il se pourrait que subsistent certaines manifestations du volcanisme comme le thermalisme mis en évidence par le rover Spirit
- Un immense rift d'effondrement ("graben") de plus de 3000 km de longueur et 7 km de profondeur, Valles Marineris, s'étend d'est en ouest pénétrant radialement dans le plateau du Tharsis. Des ravines formées par l'eau ont laissé leur trace en bordure de cette dépression.
- La présence d'eau en surface à des époques qu'il reste à déterminer avec précision, est attestée en de très nombreux endroits par des dépôts sédimentaires, tels que des argiles (phyllosilicates) exigeant pour leur formation la permanence de l'eau pendant une longue durée. Ils ont été mis au jour par l'érosion éolienne sur les terrains très anciens du sud. Présence aussi, mais dans des proportions beaucoup plus limitées, de carbonates, d'hématites, de sulfates… qui tous témoignent de la présence durable de l'eau liquide à des époques plus ou moins anciennes.
- Les nombreuses traces de rivières à la surface de Mars donnent à penser, du fait de l'absence de sédiments dans leurs cônes de déjection, qu'il s'agirait d'écoulements sporadiques (Vallées dites de "débâcle"). Certains d'entre eux pourraient encore se produire de nos jours. (voir Figure 2 ci-dessous)
- Traces d'auréoles de boue à la périphérie de cratères d'impact récents témoignant de la présence de glace dans le proche sous-sol.
- Dunes de sable toujours en formation et en mouvement.
- Evolution des calottes glacières aux deux pôles attestant des cycles complexes et pas encore totalement élucidés de l'eau du

gaz carbonique et des poussières. Les geysers de gaz carbonique soufflant dans l'atmosphère martienne des panaches de poussière et de gaz carbonique aux pôles au début du printemps en sont une manifestation spectaculaire.

- Présence d'eau et de neige carbonique, sous forme de givre en surface et de stratus dans la haute atmosphère.

- Vents de poussières capable à certaines époques d'envahir toute l'atmosphère martienne et se manifestant plus quotidiennement par des tourbillons de poussière (en anglais "dust devils") sillonnant la surface et laissant leur traces noires sur le fond couleur de rouille des plaines martiennes.

Ces quelques exemples ne se veulent pas exhaustifs et les sites de la NASA nous proposent fréquemment de nouvelles images illustrant cette diversité martienne. Diversité qui ne doit pas nous faire oublier que Mars n'en demeure pas moins aujourd'hui un astre froid (température moyenne de -40°c oscillant entre -100° et 10°c) et sec avec une atmosphère ténue (moins d'un centième de la pression atmosphérique terrestre) composée essentiellement de gaz carbonique (96,1%), d'argon (1,9%) et d'azote (1,9%).

Figure 1: Mars vu par MGS: Vastes zones de dépression peu cratérisées au Nord, régions plus élevées et cratérisées au Sud. A l'Ouest région élevée du Tharsis dominée par les gigantesques volcans "boucliers". Le mont Olympus, le plus élevé du système solaire culmine à 25 km. La zone d'effondrement de Valles Marineris s'étend sur plus de 3000km d'Est en Ouest. Elle est profonde de 7km. Elle a pu passer aux yeux des astronomes d'avant l'ère spatiale pour un des fameux "canaux martiens". De nombreux lits de rivières asséchées sont aussi visibles

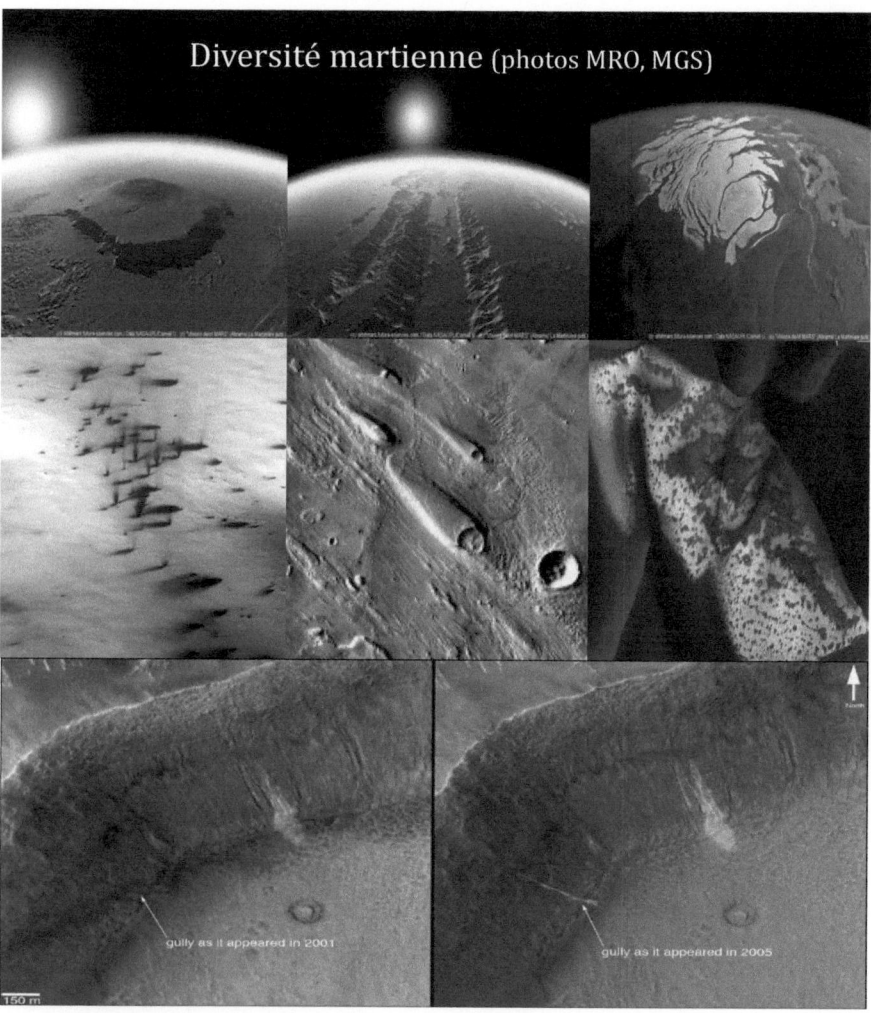

Figure 2: Quelques exemples de gauche à droite et de haut en bas:
- *Mont Olympus: volcan de plus de 25 km de haut témoigne de l'absence de tectonique des plaques*
- *Valles Marineris: long sillon d'effondrement en bordure du plateau du Tharsis*
- *Pole nord en été: du fait de l'excentricité de son orbite l'hiver boréal est moins long que l'hiver austral mais l'été est plus froid la calotte polaire plus étendue*

- *Au printemps dans l'hémisphère nord la glace carbonique se sublime en face inférieure de la couche de glace carbonique entrainant des poussières dans de spectaculaires geysers.*
- *Vallée de débâcle correspondant à des épisodes d'inondation catastrophiques sporadiques à des époques encore imprécises (on peut voir un cratère plus récent que le dernier écoulement et d'autres le précédant)*
- *Dunes de sable couvertes de givre d'eau.*
- *Témoignage d'écoulement récent (eau, saumure?) survenu entre 2001 et 2005 relevé par MGS*

L'annonce faite en 1996 par la NASA de la découverte d'un fossile de micro-organisme à l'intérieur d'une météorite d'origine martienne, ALH 84 001, rapportée d'Antarctique en 1984, a sans doute aussi une part de responsabilité dans le renouveau d'intérêt pour la recherche de la vie sur Mars constaté dans la fin des années 90. L'émotion créée par l'annonce, qui fut par la suite démentie (la controverse n'est pas totalement éteinte) a réveillé l'intérêt du public et donné un coup d'accélérateur au programme d'exploration martien. Lire à ce propos le récit donné par Jim Bell (ref. 15) qui témoigne de la réorientation du programme d'exploration martien à la suite cette annonce.

1.2 La vie sur Terre: ancienneté et ubiquité:

Ancienneté de la vie sur Terre:

La première cellule vivante est-t-elle apparue sur Terre à partir de matériaux pré-biotiques synthétisés localement ou importés d'ailleurs par quelque comète ou autre météorite? On sait en effet que les comètes, qui ont bombardé la Terre très intensément au début de son histoire, sont porteuses de nombreuses molécules organiques ayant pu servir de "briques" dans la construction des premières super-molécules auto-réplicatives. F. Raulin (ref.16) parle d'un monde pré-ARN ayant débouché sur un monde ARN, puis sur le monde ADN dans lequel nous vivons aujourd'hui.

Une première cellule vivante, "LUCA" (the Last Universal Common Ancestor) ou "cénancêtre" (ref. 19), est-elle bien l'ancêtre unique de toute la biosphère terrestre: l'"arbre du vivant" avec ses trois branches, les bactéries, les archées, et les eucaryotes dont font partie les animaux, les plantes, les champignons? Le fait que l'on retrouve dans toutes ces formes de vie les mêmes 20 acides aminés, et aucun autre de toute la gamme d'acides aminés possibles, donne crédit à cette thèse (ref. 16 et 19).

Ces questions, auxquelles Miller et Urey par leur expérience de synthèse d'acides aminés il y a maintenant 60 ans, avaient apporté des premières réponses, continuent à être débattues activement aujourd'hui au sein de la communauté des exobiologistes (En France, se reporter aux débats de la Société Française d'Exobiologie créée en 2009). La question de l'émergence de la vie reste donc toujours, et probablement pour quelque temps encore, ouverte au débat.

Les biologistes tels que Richard Dawkins (ref. 18), les paléontologues tels que Stephen Jay Gould (ref. 17), les planétologues tels que Jean-Pierre Bibring, s'accordent à penser que la vie est apparue sur Terre il y a très longtemps, de façon totalement avérée par les archives fossiles, il y a au moins 2,7 milliards d'années (stromatolites de Pilbara en Australie, Ref 19), mais vraisemblablement bien avant, sans doute juste après la fin du "Grand Bombardement Tardif" ("LHB" il y a environ 3,9 milliards d'années), peut être même avant: voir (ref. 7) la suggestion de JP. Bibring selon laquelle l'océan terrestre aurait pu se former avant le LHB et ait en majeure partie survécu à l'épisode du LHB. Ceci serait démontré par des zircons canadiens cristallisés il y a 4,4 milliards d'années en présence d'eau.

Sur Terre, contrairement à la planète Mars où la tectonique des plaques n'est plus présente aujourd'hui, et, si elle a existé, a cessé d'opérer dans la première centaine de millions d'année de la planète, la tectonique des plaques terrestre à l'œuvre depuis l'époque la plus reculée (l'Hadéen) et l'érosion continentale due à l'activité atmosphérique ont effacé ou compliquent la lecture des archives géologiques les plus anciennes.

La vie monocellulaire bactérienne serait apparue dans les océans, peut-être dans des lagunes peu profondes permettant aux organismes de métaboliser l'énergie solaire, peut-être au contact des fumeroles volcaniques au fond des océans, les organismes vivant ne tirant pas alors leur énergie de la lumière du soleil, dont les rayons ne pénètrent pas à de telles profondeurs, mais de réactions chimiques d'oxydo-réduction en présence de méthane, d'oxyde de souffre, d'hydrogène et de l'intense gradient thermique régnant au voisinage des fumeroles.

Pendant plus de deux milliards d'années, jusqu'à l'approche de l'ère cambrienne, (540 millions d'année avant le présent) la vie serait restée au stade monocellulaire confinée aux océans. Les algues bleues se seraient développées près de la surface en utilisant l'énergie solaire et, par photosynthèse, auraient constitué la majeure partie de l'oxygène atmosphérique. Cet oxygène atmosphérique aurait permis à la couche d'ozone de se développer formant ainsi une protection vis à vis du rayonnement solaire ultraviolet, à l'abri de laquelle la vie plus complexe, apparue peu avant le cambrien il y a environ 600 millions d'années, a pu coloniser les continents.

Une partie des sédiments calcaires aurait pour origine la séquestration du CO_2 atmosphérique par précipitation dans les océans sous forme de carbonates par des processus purement chimiques ("pompage" direct du CO_2 atmosphérique par les océans et réaction avec les silicates continentales altérées par les pluies riches en acide carbonique), une autre partie proviendrait de la fixation par les organismes vivants dans leur squelettes, leur coquille, leur habitat ou leur déjections (craies, calcaires coquillés, calcaires d'origine corallienne…)

Ces mécanismes seraient responsables de l'atmosphère terrestre que nous connaissons aujourd'hui et, en particulier, de sa richesse en oxygène et de sa pauvreté en gaz carbonique, l'essentiel de celui-ci ayant été précipité sous forme de carbonates d'origine chimique et biologique. L'azote initial aurait, quant à lui, subsisté dans l'atmosphère.

Le carbone piégé dans les roches sédimentaires calcaires serait recyclé dans l'atmosphère sous forme de gaz carbonique par l'activité volcanique liée à la tectonique des plaques (métamorphisation des calcaires et silicates à haute pression et haute température avec relâchement du CO_2 par le volcanisme dans les zones de subduction des croûtes océaniques).

Le taux de dissolution du gaz carbonique et de précipitation du calcaire étant fonction de la température et la teneur en gaz carbonique atmosphérique ayant une incidence sur la température atmosphérique, une boucle de régulation des températures sur le très long terme serait responsable de la remarquable stabilité du climat terrestre qui a très probablement influencé l'"habitabilité" durable de notre planète.

Ces rappels très sommaires ont leur importance quand on considère les différences avec les mécanismes que les scientifiques pensent être à l'œuvre sur Mars.

Ubiquité de la vie sur Terre:

On sait depuis longtemps que la vie peut prospérer avec ou sans oxygène libre et on avait conscience de sa grande faculté d'adaptation pour peu qu'on lui laisse le temps d'évoluer. On avait aussi remarqué la capacité qu'ont les organismes primitifs à traverser des périodes difficiles en développant des mécanismes de "mise en veilleuse" comme la création de "spores".
Une avancée importante des années 90 (voir entre autres. S. G. Gould *"L'éventail du vivant"* ref. 17) concerne la découverte de vie microbienne dans les biotopes présentant des conditions chimiques et thermodynamiques extrêmes, du point de vue de la pression, de la température, de la salinité, de l'acidité, du niveau de radiation et utilisant des sources d'énergie très variées, non seulement solaire mais aussi chimique (oxydo-réduction). C'est ainsi qu'a été mise en évidence la présence de bactéries au fond de puits de pétrole, auprès des cheminées hydrothermales des rifts mid-océaniques sous très haute pression et à des températures proches de 100°c, auprès de geysers, dans les lacs présents sous la calotte glaciaire antarctique. Des bactéries sont utilisées pour décontaminer des terrains pollués par des substances radioactives ou des nappes de pétrole...
Il semble que sur Terre la vie microbienne ait su coloniser tous les biotopes présentant les conditions suivantes:
* Présence d'eau liquide pérenne
* Présence des composants chimiques: C, H, N, O, P, S
* Présence d'une source d'énergie
Dès lors le fait de spéculer que la vie martienne ait pu exister ou existe encore dans des conditions comparables n'apparaît pas trop hardie. Elle explique la stratégie générale de la NASA dans sa recherche de la vie sur Mars: "suivre l'eau et suivre le carbone" ("follow the water, follow the carbon")

1.3 Traces laissées par la vie sur Terre

Les organismes terrestres évolués possédant un squelette, une coquille ou une carapace ont laissé des traces morphologiques, des fossiles, facilement identifiables dans des dépôts calcaires, des sulfates, des schistes, des argiles et dans beaucoup d'autres formations sédimentaires. Les argiles méritent une mention particulière car ils se déposent en feuillets fins qui permettent parfois de préserver par la fossilisation non seulement des organismes dotés de structures solides, squelette ou coquilles, mais aussi des organismes mous. Ces argiles montrent par ailleurs une grande stabilité et résistance à l'érosion.

Si la présence de fossiles apporte une preuve évidente de la vie, en l'absence de tels fossiles les biologistes sont parfois capables de déterminer l'intervention de processus biologiques dans un milieu donné par des indices plus subtils, par exemple:

- Anomalies statistiques dans la composition isotopique, "déviations isotopiques" du carbone, du soufre, de l'azote et du fer (ref. 19). Les isotopes légers sont préférentiellement métabolisés (par exemple: la vie préfère le C_{12} au C_{13}).
- Préférence pour une organisation moléculaire de type droite ou gauche (chiralité) typique de processus biologiques: les acides aminés biologiques ne comportent que des molécules d'isomérie optique L (elles sont dites "homochirales" ref. 19) alors que ceux détectés dans les chondrites carbonées comportent les deux formes L et D en quantité équivalente. De leur côté les sucres d'origine biologiques sont uniquement des isomères D (ref.20).
- Fossiles moléculaires tels qu'acides nucléiques (mais ils se dégradent rapidement), protéines (qui finissent aussi par se dégrader), lipides d'origine bactérienne très stables. (ref. 19)

Nous verrons plus loin que l'instrumentation embarquée sur le rover Curiosity est prévue pouvoir détecter certains de ces indices qui, sans être nécessairement définitifs, peuvent contribuer à lever le doute sur la présence ou l'absence sur Mars à une époque donnée, d'une forme de vie <u>comparable à celle que nous connaissons sur Terre, c'est à dire essentiellement fondée sur eau et la chimie du carbone.</u> Ce dernier point mérite d'être souligné: en effet, les scientifiques ne peuvent chercher que ce qu'ils connaissent et nul ne saurait affirmer aujourd'hui qu'une forme de vie, totalement différente de la vie terrestre ne peut, ou n'a pu, exister sur Mars, ou ailleurs dans l'univers.

1.4 La vie sur Mars: le consensus actuel:

Nous essayons ici de résumer le consensus des scientifiques sur la présence de la vie sur Mars. Cette analyse, même si elle n'est pas explicite, transparaît des publications de la NASA (voir références en fin de rapport). Comme tout consensus de ce type, il serait bien étrange que celui-ci ne soit pas rapidement battu en brèche et c'est d'ailleurs tout le bien qu'on peut lui souhaiter car la science progresse en réfutant les certitudes.

- **Il est très peu probable que la vie soit présente aujourd'hui à la surface de Mars.** Ceci pour trois raisons essentielles:
  1. La pression atmosphérique moyenne de 7HPa (moins de 1% de la pression atmosphérique terrestre) est inférieure à celle du point triple de l'eau qui ne peut donc pas se présenter en phase liquide de façon durable. En effet, à cette pression la glace se sublime en vapeur sans passer par la phase liquide. Cela n'interdirait pas à de l'eau liquide souterraine de faire parfois irruption à la surface de la planète mais celle-ci devrait s'y solidifier ou se sublimer très rapidement. On a pu constater (voir figure 2) des traces d'écoulements récents semblant témoigner de tels épisodes transitoires.
  2. L'absence de couche d'ozone et l'absence de magnétosphère exposent directement la surface martienne au rayonnement UV et au vent solaire ainsi qu'au rayonnement cosmique. C'est un des objectifs de la mission MSL de quantifier ce taux d'irradiation tant pour évaluer les chances d'une vie martienne d'y résister que pour envisager les risques qu'encourrait une éventuelle mission habitée sur Mars.
  3. Le sol martien est un milieu très oxydant. Il s'agit là d'une découverte inattendue faite à l'occasion des expériences de biologie sur les atterrisseurs Viking. Les milieux très oxydants (les désinfectants sont des oxydants) sont en général impropres à la vie microbienne.

- A une époque très ancienne, appelée "Noachien", allant de la formation de la planète jusqu'à environ deux cent millions d'années après la fin du Grand Bombardement Tardif (environ 3,6 milliards d'années avant le présent), Mars présentait une pression atmosphérique beaucoup plus élevée qu'aujourd'hui (F. Raulin, Ref.16, cite le chiffre de 30 Bars). Les scientifiques s'accordent pour dire que la composition de son atmosphère était alors comparable à celle de la Terre à la même époque, c'est à dire essentiellement du gaz carbonique, de la vapeur d'eau et de l'oxyde de soufre. Un effet de serre important permettait à l'eau liquide de recouvrir une part importante de la planète. Ceci en dépit du fait que le flux solaire soit, au niveau de Mars, moins de la moitié de celui reçu par la Terre, Mars étant une fois et demi plus éloignée du soleil que n'en est la Terre, et qu'à cette époque le jeune soleil n'avait que 75% de sa luminosité actuelle. **La vie aurait pu**

émerger sur Mars au Noachien dans des conditions comparables à la vie terrestre.
La disparition de la plus grande partie de l'atmosphère martienne serait survenue aux alentours du Grand Bombardement Tardif lorsque le champ magnétique d'ensemble et la magnétosphère protectrice qu'il créait auraient disparu laissant l'atmosphère martienne directement exposée au vent solaire. Cet échappement atmosphérique aurait été d'autant plus rapide que, d'une part le rayonnement du jeune soleil était riche en UV ionisant l'atmosphère martienne, ce qui favorisait l'interaction avec le vent solaire et, d'autre part, que la vitesse de libération sur Mars est moins de moitié de la valeur terrestre (5km/sec sur Mars, comparé à 11km/sec sur Terre).
La disparition du champ magnétique proviendrait, quant à elle, de la disparition de l'effet dynamo lié aux mouvements de convection à l'interface noyau/manteau. Cette disparition serait survenue tôt dans l'histoire de la planète (ref. 13) lors du Grand Bombardement Tardif, l'énergie apportée au manteau par les impacts ayant réduit le gradient thermique entre le noyau et le manteau et, ainsi, mis fin aux mouvements de convection.

- **Si la vie a émergé sur Mars à la période relativement chaude et humide du Noachien elle pourrait avoir trouvé refuge,** lorsque l'eau liquide a disparu de la surface et la température a baissé, d'une façon analogue aux organismes "extrêmophiles" terrestres, dans un environnement où l'eau liquide aurait pu subsister et où une source d'énergie appropriée aurait été disponible. De tels milieux pourraient exister sur Mars en profondeur, éventuellement sous la couche de pergélisol qui semble occuper une part importante de la surface de la planète actuelle ou dans des régions où subsisterait une activité géothermale.
Ces formes vivantes ont peu de chance d'être détectées par la mission MSL-Curiosity qui se contentera d'investigations en surface ou très proches de la surface, sa foreuse ne permettant pas d'atteindre des profondeurs supérieures à 6cm.

Nous allons décrire certaines caractéristiques physiques de Mars, pour la plupart d'entre elles découvertes très récemment, qui viennent à l'appui du consensus énoncé ci-dessus. (Nous avons reporté en annexe une analyse plus complète des paramètres martiens pouvant, à notre avis, avoir ou avoir eu une influence sur la vie martienne).

1.5 Principales observations à l'appui de ce consensus

Le climat de Mars

Commençons d'abord par quelques rappels sur ce que l'on sait, ou ne sait pas, du climat martien.

Les paramètres orbitaux de Mars, distance du soleil, excentricité de son ellipse, obliquité de son axe de rotation expliquent des conditions climatiques très différentes des conditions terrestres:

- L'orbite de Mars est en moyenne une fois et demi plus éloignée du soleil que n'est celle de la Terre ce qui implique que le flux solaire moyen est 2,25 fois moins élevé sur Mars que sur Terre
- L'excentricité de l'orbite martienne étant de 0,0934 tandis que c'elle de la Terre n'est que de 0,0167 qui se traduit par un flux solaire de 20% supérieur au périhélie qu'à l'aphélie explique une grande dissymétrie entre les saisons des deux hémisphères. Cette dissymétrie s'inverse sur la période longue de précession des équinoxes de Mars et est sans doute responsable de variations périodiques longues du climat martien avec transferts de grandes quantités de glace d'eau et peut être aussi de glace carbonique entre les deux hémisphères.
- Contrairement à celui de la Terre, l'axe de rotation de Mars n'est pas stabilisé par un satellite massif comme notre lune. En effet Phobos, le plus gros satellite de Mars, n'est sans doute qu'un astéroïde capté mesurant 13x11x9 km et ne peut jouer ce rôle de stabilisateur. L'obliquité de Mars, actuellement de 25° environ, comparable à celle de la Terre, a pu varier entre 0° et 60° (voir travaux de J. Laskar. Ref. 20), l'obliquité moyenne étant estimée aux environs de 40°. On pense que ces variations sont chaotiques et ont eu une très grande influence sur le climat, les périodes de plus grande obliquité correspondraient à des ères où la glace polaire serait instable du fait du fort ensoleillement estival et viendrait s'accumuler sur les relief élevés du Tharsis près de la zone équatoriale où des traces d'érosion glaciaire ont été effectivement relevées.

Beaucoup reste à connaître sur les cycles à moyen et long terme de l'eau et du gaz carbonique sur Mars et des fluctuations de pression que cela peut entraîner, une partie significative du gaz carbonique atmosphérique étant retenue par les calottes glaciaires en période froide et libérée en période plus chaude. Il n'est pas exclu que la pression puisse s'élever à certaines périodes au dessus du point triple de l'eau permettant ainsi à l'eau liquide de réapparaître en surface.

Le rover Curiosity est équipé d'une station météorologique, réalisée et dirigée par l'agence spatiale espagnole, qui devrait apporter une meilleure compréhension des cycles de l'eau, du gaz carbonique, ainsi que celui des poussières qui sont un élément important pour la compréhension du climat martien actuel, les vents de poussières pouvant couvrir l'ensemble de la planète sur des périodes de plusieurs mois et diminuer encore le flux solaire au sol.

Si on rappelle l'absence sur Mars du processus de stabilisation des températures sur le très long terme, à l'œuvre sur Terre par le recyclage du CO2 grâce à la tectonique des plaques, on prend conscience de l'extrême résilience dont devrait avoir fait preuve la vie martienne pour être parvenue jusqu'à nous en dépit des très grandes fluctuations climatiques. A contrario, on prend aussi conscience de l'exceptionnelle stabilité des conditions climatiques dont a bénéficié la vie terrestre.

L'eau sur Mars

Les témoignages les plus évidents de la présence d'eau pérenne à la période ancienne du Noachien sont apportés par la présence de sédiments argileux (phyllosilicates) provenant de l'interaction prolongée de l'eau liquide avec des roches ignées (basaltes, olivines), sur des terrains très anciens et cratérisés de l'hémisphère sud. Certains de ces dépôts sédimentaires auraient été mis au jour par l'érosion éolienne des roches magmatiques qui les auraient recouvertes au cours de l'Hespérien (voir figure 3 ci-dessous).

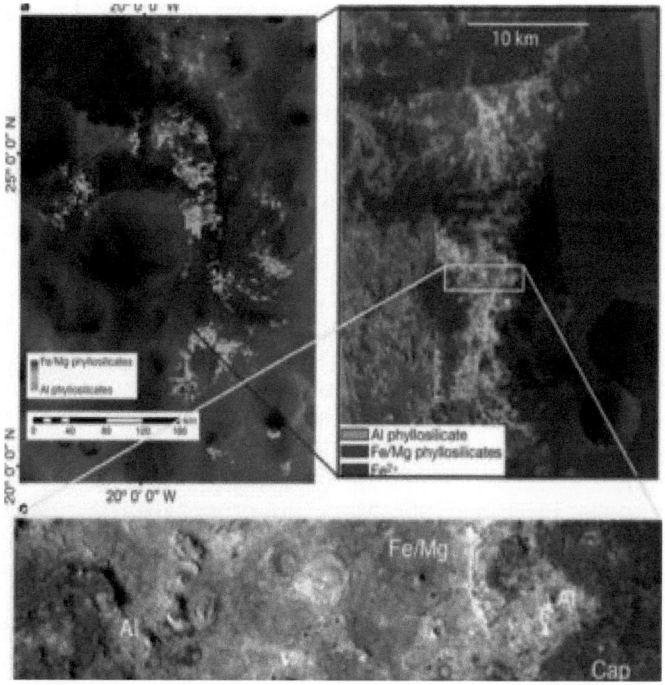

Figure 3 Relevé de dépôts argileux fait par l'instrument Oméga à bord de l'orbiteur Mars Express et confirmé par l'instrument CRISM sur Mars Reconnaissance Orbiter (MRO). Confirmés sur le terrain par Curiosity dans le cratère Gale.

La présence de sulfates témoigne aussi de la présence d'eau mais ceux-ci ne nécessitent pas pour leur formation un séjour aussi prolongé en milieu liquide que les argiles. Ils peuvent se former lors de l'évaporation d'un plan d'eau. On les trouve dans des formations plus récentes correspondant à la période d'activité volcanique intense de l'Hespérien, époque où l'atmosphère devait être chargée en oxyde de soufre. On a aussi noté la présence de sulfates de calcium hydraté (gypses) en relation avec une activité géothermale (découverte par le rover Spirit, confirmée par Curiosity)

La couleur rouge omniprésente de la planète est caractéristique de la troisième et dernière période géologique martienne dite de l'Amazonien qui s'étend sur les trois derniers milliards d'années. Elle est due à une fine couche d'hématite (Fe_2O_3) amorphe formée par l'oxydation anhydre du fer au contact d'ions oxydant présents dans l'atmosphère sèche de la planète et témoigne de l'ancienneté de ce dessèchement du milieu martien.

Cette disparition de l'hydrosphère martienne à une époque très ancienne est aussi attestée en de nombreux endroits par la présence d'olivine non altérée alors que ce minéral est instable en milieux aqueux.

De nos jours la présence d'eau a été mesurée dans l'atmosphère en phases gazeuse (0,03%) et solide, sous forme de légers cirrus formés de cristaux de glace qui coexistent avec des nuages de glace carbonique. Elle est aussi bien attestée aux deux pôles où elle forme un socle glaciaire épais (3,7km mesuré par l'outil radar MARSIS de Mars Express) sur lequel vient se déposer la glace carbonique (jusqu'à une dizaine de mètres) pendant les périodes hivernales. Enfin l'eau solide apparaît aussi sous forme de givre à la surface. Ce givre s'évapore le matin aux premières lueurs du soleil.

On estime aussi que la glace d'eau est présente en abondance dans le sous-sol de la planète sur la forme d'un pergélisol pouvant atteindre plusieurs centaines de mètres voire plusieurs kilomètres de profondeur et variant avec la latitude. Pour le moment, seules des mesures de présence d'eau dans le très proche sous-sol, (moins d'un mètre) ont pu être effectuées par la méthode de spectrographie des neutrons, soit en mesurant de façon passive depuis l'orbiteur Mars Odyssey (voir figuer 4 ci-dessous) le spectre des neutrons issus du bombardement cosmiques et réfléchis par les éléments du sol martien (plus les noyaux atomiques impactés sont légers moins sont énergétiques les neutrons réfléchis), soit comme, peut le faire l'instrument DAN (Dynamique Albedo of Neutrons mise en œuvre sur Curiosity par L'Institut Fédéral Russe de Recherche Spatiale), en émettant des impulsions contrôlées de neutrons et en mesurant le spectre des neutrons réfléchis. Cette dernière méthode permet par ailleurs de quantifier la profondeur de l'eau (estimée par la présence d'atomes d'hydrogène) par des mesures de temps de vol.

C'est en profondeur, éventuellement au dessous du pergélisol, à la faveur des hautes pressions et de la plus haute température que pourrait subsister de l'eau liquide pérenne abritant peut être une forme de vie. Une autre éventualité serait le voisinage de certaines cheminées volcaniques, l'époque de la fin d'activité des volcans étant toujours un sujet ouvert au débat.

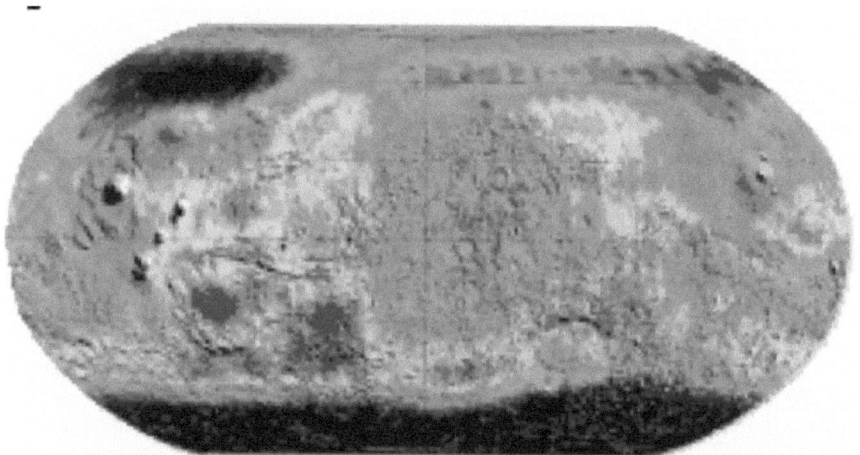

Figure 4. Relevé de l'abondance en Hydrogène dans la couche superficielle (<1m) du sol par spectrométrie neutron sur Mars Odyssey indique la présence d'eau. Les parties les plus sombres au nord ouest et sud correspondent à l'abondance d'hydrogène maximum.

Si aucune présence d'eau liquide pérenne n'a été détectée à la surface de Mars depuis le début de l'exploration spatiale on a cependant identifié la trace d'écoulements sporadiques (voir plus haut figure 2). Diverses théories ont été proposées pour expliquer le phénomène: hydrothermalisme, l'eau aurait une forte teneur en sel (saumure de chlorure) ou une forte acidité (acide sulfurique) ce qui expliquerait la présence à l'état liquide au dessous du point triple de l'eau pure.

On relève aussi autour de certains cratères d'impact des auréoles lobées qui semblent indiquer que la glace du sous-sol a été liquéfiée lors de l'impact du météorite.

Le magnétisme

Aucun magnétisme d'ensemble ne subsiste sur Mars aujourd'hui. Le relevé fait par Mars Global Surveyor du magnétisme rémanent, provenant de l'aimantation de matériaux ferromagnétiques figée dans la direction du champ existant lors de leur solidification (voir figue 5 ci-dessous), montre de façon très convaincante qu'un magnétisme d'ensemble (avec des inversions comme sur Terre) a existé à l'époque de la solidification de la croûte de la partie sud de la planète (Noachien) et que ce magnétisme a disparu dès le début de la période de volcanisme important (Hespérien- voir en annexe les ères géologiques martiennes). En effet plus aucune trace de magnétisme rémanent n'apparaît sur les vastes épanchements magmatiques du nord ni, non plus, auprès des super-volcans du plateau du Tharsis.

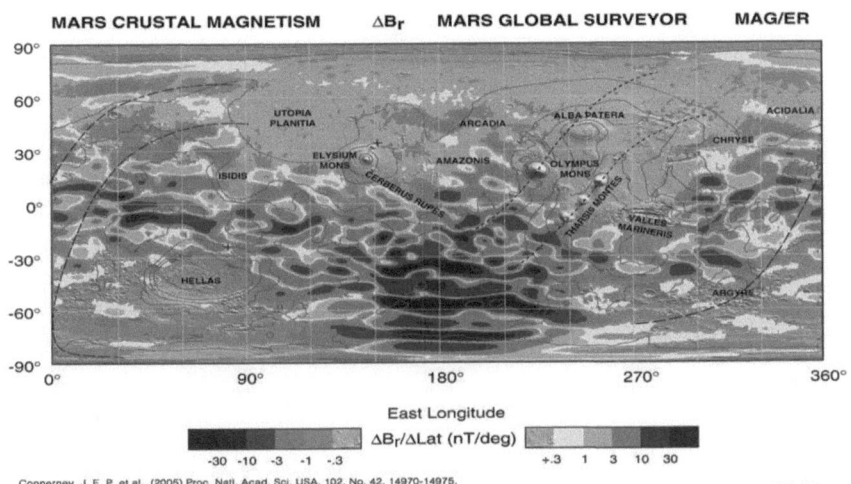

Connerney, J. E. P. et al., (2005) Proc. Natl. Acad. Sci. USA, 102, No. 42, 14970-14975.

Figure 5 Relevé du magnétisme rémanent dans l'écorce martienne effectué par Mars Global Surveyor. Les bandes dans l'hémisphère sud représentent des polarités magnétiques alternativement positives et négatives.

La disparition du magnétisme d'ensemble et de la magnétosphère à la fin du Noachien comme cause première de la perte de la plus grande partie de l'atmosphère martienne est cohérente avec l'observation géologique de l'absence de sédimentation calcaire significative. En effet cette absence ne permet pas d'expliquer la disparition du carbone atmosphérique par le piégeage dans les carbonates précipités au fond des océans comme c'est le cas sur Terre.

Le méthane dans l'atmosphère martienne

Le spectromètre infrarouge PFS embarqué à bord de Mars Express a détecté en limite de sensibilité de l'instrument des traces (0,01ppm) de méthane dans l'atmosphère martienne.

Mars Reconnaissance Orbiter a identifié dans la région de Nili Fossae (voir carte en annexe) la présence saisonnière de méthane. Le fait que ce méthane ne se dissolve pas de façon uniforme dans l'atmosphère semble indiquer qu'il se décompose beaucoup plus rapidement qu'on ne me pensait jusqu'alors, en quelques centaines de jours (plutôt que quelques centaines d'années).

L'origine de la source de méthane pourrait être chimique ou biologique. La présence d'activité volcanique récente, d'argiles, d'olivines et de magnétite dans La région de Nili Fossae pourrait expliquer une formation du méthane d'origine purement chimique (réaction de type Fisher-Tropsch).

Les mesures faites jusqu'à présent au sol par l'instrumentation embarquée sur Curiosity (spectromètre laser accordable faisant partie de l'instrument SAM) n'ont pas, semble-t-il, confirmé la présence de méthane aux alentours du rover.

2- Mission Curiosity et participation française

2-1 Objectifs de la mission MSL-Curiosity

La NASA s'est défini 4 objectifs majeurs pour la mission MSL_Curiosity, le premier des 4 étant le plus généralement mis en avant:

- Déterminer si la vie a pu exister sur Mars
- Caractériser le climat de Mars
- Caractériser la géologie de Mars
- Préparer l'exploration humaine

Ces objectifs sont exprimés en termes prudents. Nul doute, à moins d'accident majeur au cours de la mission, qu'ils ne soient très largement remplis. Nous reviendrons dessus en conclusion de cette étude.

2-2 Généralités sur la mission et ses contraintes
.
Le lecteur intéressé par les détails de la technologie mise en œuvre pour déposer le rover Curiosity sur Mars (les aspects balistiques entre autres) se reportera avantageusement au "Press Kit" (ref.1) édité par la NASA au moment du lancement.

Nous ne reprendrons ici que certains paramètres qui nous ont paru devoir être signalés:
- La mission Mars Science Laboratory (MSL) est la dernière en date des missions "Flagship" de la NASA. Comme la mission Cassini actuellement en cours autour de Saturne, c'est une mission lourde. Prévue initialement pour être lancée en 2009, elle a dû être reportée à la fenêtre de tir suivante sur Mars en 2011. Son budget total à ce jour est de 2,5 milliard d'USD.
- Lancement: 25/11/2011. Arrivée sur Mars le 5/8/2012 après 255 jours de voyage et 570 millions de Km parcourus.
- Grandes précautions prises pour éviter la pollution de Mars par des bactéries terrestres. En particulier, le véhicule spatial n'est pas pointé initialement sur Mars afin d'éviter que le deuxième étage de la fusée (Centaur), insuffisamment aseptisé, ne risque de s'écraser sur Mars et contaminer la planète. La trajectoire définitive est obtenue grâce à des rectifications à partir de l'étage de croisière. Ce souci de "protection planétaire" est important dans le sens Terre vers Mars, il le sera a

fortiori dans le futur dans le sens Mars vers Terre si se confirme le programme de retour d'échantillon "Mars Sample Return"

- Très grande précision obtenue à l'atterrissage très proche du centre de l'ellipse d'atterrissage (20x25km) grâce à la mise en œuvre d'une technique d'entrée guidée dans l'atmosphère.
- Première mise en œuvre d'une grue volante pour poser le rover sur Mars, les 900kg du rover n'autorisant pas l'amortissement du choc d'arrivée par ballons comme ce fut le cas pour les précédents rovers Spirit et Opportiunity 4 fois moins lourds. On notera au passage que les projections de cailloux (plusieurs centaines de kg) par les réacteurs de la grue volante ont endommagé un des anémomètres de la station météo.
- Durée initialement prévue pour la mission du rover Curiosity au sol: une année martienne = 686 jours terrestre ou 669 "sols" martien de 24h39min.
- Distance prévue être parcourue par Curiosity au cours de la mission de base d'un an: environ 20km afin de sortir de l'ellipse d'atterrissage et d'atteindre les strates sédimentaires d'argiles et de sulfates sur les contreforts du Mont Sharp au centre du cratère d'impact.

Contraintes principales

1-Contrainte de Masse

La charge scientifique ("scientific payload") représentée par les 10 instruments embarqués sur Curiosity est de 80 Kg ce qui représentent environ 10 fois plus que sur Spirit et Opportunity.
La masse du rover Curiosity est de 900Kg
La masse totale du véhicule spatial (spacecraft) effectuant la croisière entre orbite terrestre et orbite martienne et comportant le rover, bouclier thermique, parachute, l'étage des moteurs de croisière est de 3900Kg
La masse totale au départ y compris l'étage fusée Atlas et ses "boosters", l'étage fusée Centaur, le véhicule spatial et le carburant est de 531 000Kg.
La charge scientifique rapportée à la masse totale au départ est d'environ 1,5 pour dix mille.
Ceci explique:

- le grand soin mis à la miniaturisation des équipements et
- l'obligation d'optimiser le carburant en visant une trajectoire optimale. Ceci impose des contraintes sur la fenêtre de tir qui n'est que d'un mois environ tous les 25 mois (période sinodique de

Mars), lorsque Mars accuse une avance orbitale de 45° par rapport à la Terre.

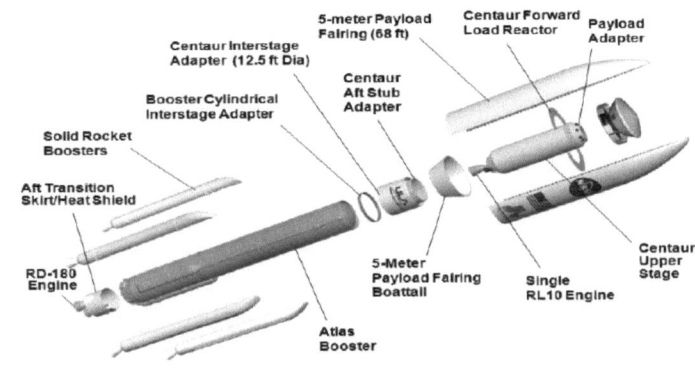

Atlas V 541 launch vehicle, expanded view

Figure 6: Ecorché de la fusée Atlas V 541 ayant effectué le transport du robot Curiosity sur Mars

2-Contraintes liées aux radio-transmissions:

Les communications entre la Terre et le rover Curiosity se font depuis la Terre à partir du Deep Space Network de la NASA , réseau de 3 radiotélescopes installés en Californie, en Australie et en Espagne afin d'assurer une couverture complète sur 24 heures.
Les communications peuvent se faire
- en direct avec le rover sur la bande X (7 à 8 GHz), le débit est alors limité à 32 kbit/sec, à partir de deux antennes dont une à haut gain, ou
- en utilisant comme relai l'une des trois sondes actuellement en orbite autour de Mars: Mars Reconnaissance Orbiter, Mars Odyssey et le satellite européen Mars Express en position de secours (son orbite très elliptique rend son usage peu commode). Dans ce cas la communication se fait dans la bande UHF (400 MHz) à haut débit : 2Mbit/sec. La communication ne peut être établie que pendant la dizaine de minute de survol du site par un orbiteur et ceci deux fois par jour.

Il n'est alors guère possible de donner des instructions au rover en moins d'une heure ce qui interdit toute procédure du type télémanipulation. Dans la pratique les instructions à destination du rover et les informations en retour sont regroupées sol (un jour martien) par sol.

Des moyens de navigation sophistiqués (reconnaissance de formes, évitement d'obstacles…) ont été installés sur le rover pour lui assurer une certaine autonomie.

3- Contraintes de puissance:

La NASA a tenu à s'affranchir des contraintes liées aux panneaux solaires qui équipaient les derniers rovers Spirit et Oportunity. En effet les panneaux solaires ont tendance à perdre leur efficacité du fait des poussières très abondantes sur Mars. Par ailleurs le rover équipé de panneaux solaire court le risque de rester immobilisé avec ses panneaux mal orienté par rapport au soleil et de perdre sa puissance, incident qui s'est produit dans le passé avec le rover Spirit.

La NASA a choisi pour la mission MSL un générateur isotopique comme pour d'autres missions dans le système solaire lointain où les panneaux solaires ne sont plus efficaces. Le générateur MMRTG utilise environ 5kg de céramique $Pu_{238}O2$. La puissance est extraite par des thermocouples utilisant le principe thermoélectrique.

C'est la durée de vie des thermocouples (environ 14 ans) qui limite la vie du générateur et non celle du radio-isotope dont la demi-vie est 87 ans.

Le générateur thermoélectrique produit une puissance électrique de 110 watts pour une puissance thermique de 2000 watts. (Pour ses missions futures la NASA cherche à développer un moteur radios-isotopique Sterling (à combustion externe) afin d'améliorer le rendement, le stock de Pu_{238} importé de Russie étant extrêmement limité et de nouveaux moyens de production n'ayant pas encore été relancés).

Pour faire face aux demandes ponctuelles de plus forte puissance le rover dispose de deux batteries lithium-ion de 42 amp-hr. Les batteries sont rechargées par le générateur isotopique lorsque sa puissance n'est pas appelée.

La faible puissance disponible, qui doit faire face non seulement aux besoins de puissance des instruments et à leur maintien en température ainsi qu'aux déplacements du rover, impose une très bonne organisation des opérations. Cette faible puissance explique aussi la faible vitesse de déplacement du rover: 30m/hr en terrain plat.

2-3 Sélection du site d'atterrissage du rover.

Le choix du site d'atterrissage de Curiosity est le résultat d'un long processus de sélection partant de plus d'une soixantaine de sites possibles. La dizaine de finalistes a fait l'objet d'une observation approfondie depuis les orbiteurs.

Le site de Gale Crater (voir figure 7) a été retenu pour les raisons principales suivantes:

- Sécurité d'atterrissage: en effet le rover a atterri en terrain relativement plat et dépourvu d'obstacle, et a distance accessible en moins d'une année martienne des principaux points d'intérêt scientifique.
- Absence de vents trop violents.
- Région située en bordure de la "dichotomie crustale" garantissant une grande variété géologique
- Présence d'affleurements de roches sédimentaires, argiles et sulfates, formées en milieu aqueux pouvant laisser espérer découvrir des inclusions carbonées d'origine biologique.
- Stratigraphie très clairement lisible qui devrait faire progresser la connaissance de l'histoire géologique de Mars
- Latitude relativement clémente (4° sud) qui devrait minimiser les besoins de chauffage des instruments

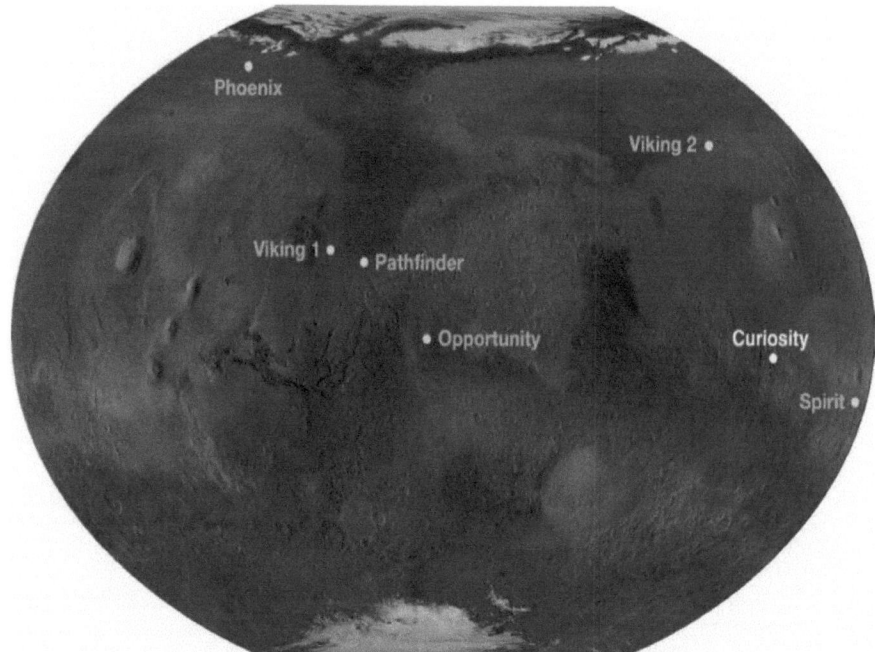

Figure 7: site d'atterrissage de Curiosity et des précédents rovers et atterrisseurs.

2-4 Instrumentation embarquée.

Le rover est présenté sur la Figure 8 ci-dessous. On mentionnera, à côté des 10 instruments scientifiques listés sur le tableau en Figure 9 de nombreux instruments et outillages de service nécessaires au bon fonctionnement de l'appareil tel que:

- 12 caméras de navigations répartis en tête de mât, à l'avant et à l'arrière du rover
- sur le bras manipulateur, une pelle pour ramasser des matériaux meubles, des outillages de brossage et forage (jusqu'à 6 cm de profondeur) équipée d'un système permettant d'aiguiller le matériau provenant du forage vers le laboratoire de minéralogie, CHEMIN ou de chimie organique SAM situés tous deux à l'intérieur du châssis du rover.

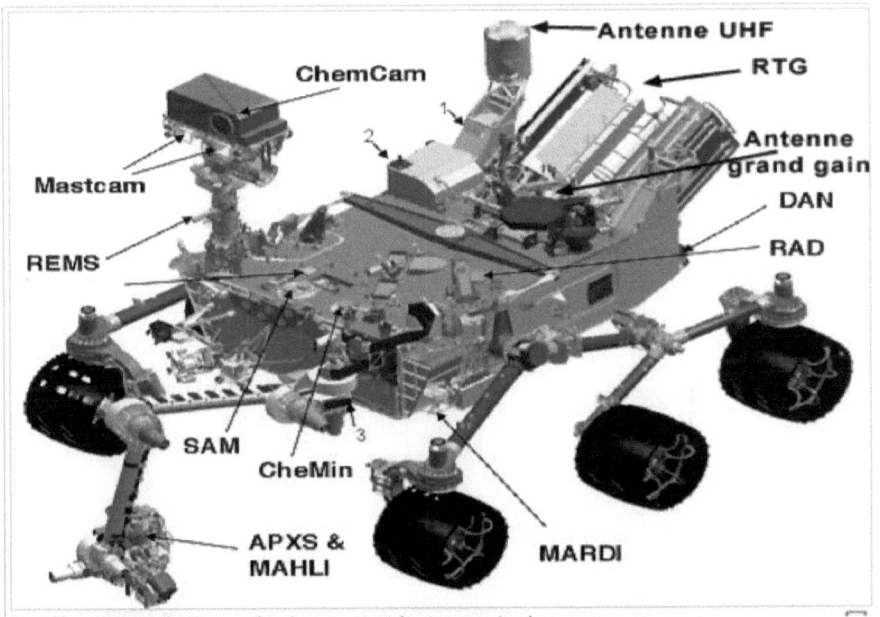

Figure 8 Disposition des équipements scientifiques sur Curiosity.
Dimension : Longueur 3m, largeur 2,7, hauteur en haut de mât
2,2m.
Le bras télémanipulateur à 5 degrés de liberté permet de porter
30 kg à 1.9 mètres.

Le tableau Figure 9 ci-dessous résume les principales caractéristiques des instruments scientifiques embarqués. Nous décrirons plus en détail au chapitre suivant les instruments CHEMCAM et SAM à la conception desquels des équipes françaises que nous avons rencontrées ont participé. Ces équipes sont par ailleurs toujours associées au fonctionnement et à l'exploitation scientifique de ces deux instruments.

Des fiches récapitulatives concernant les huit autres instruments sans participation française sont jointes en annexe à ce mémoire.

Notons que sur les dix instruments embarqués 8 ont été approvisionnés au terme d'une compétition ouverte en 2004 aux acteurs internationaux - c'est le cas de CHEMCAM et SAM- tandis que deux, la station météo REMS et l'appareil de détection d'eau par réfection de neutrons DAN (Dynamic Albedo of Neutrons) ont été adjugés en gré à gré au terme d'accords intergouvernementaux entre les USA et l'Espagne pour REMS et les USA et la Russie pour DAN.

	NOM	OBJET	PRINCIPES
Analyse Environnement	REMS Météo	Mesure Vent, Température, Pression, humidité, UV.	Instrumentation portée par le mât, sur et dans le châssis.
	RAD Radiations	Détection rayonnement solaire et cosmique? Vise la vie martienne et santé des cosmonautes futurs.	26 types de particules chargées. Rayons gamma, Particules solaires.
	DAN H20	Abondance d'H20 dans le sous-sol proche(<1m)	Spectro. neutrons réfléchis en mode passif ou actif. Temps de vol.
	MARDI Image	Vidéo de l'atterrissage	1 caméra CCD couleur
Analyse distance depuis mât	MASTCAM Image	Vue d'ensemble. Mise au point de 2m à infini. Possibilité visée solaire pour analyse poussières.	2 cameras CCD f100/ f34. Couleur + N/B & filtres.
	CHEMCAM Spectro laser	Sondage rapide composition élémentaire ponctuelle (0,5 mm) jusqu'à 7m. Photo contexte.	Laser IR et spectro du plasma dans 6144 λ de 240 à 850 nm+ Image contexte
Analyse contact tête de bras	MAHLI Image	Macro-photos de roches au contact. Autofocus -> 1m pour autoportrait et diagnostique.	1 camera CCD couleur autofocus
	APXS Analyse elem.	Composition élémentaire d'une cible de diamètre 1,7 cm	Analyse spectrométrique X réémis sous irradiation alphas par ^{244} Cm
Labo. dans châssis	CHEMIN Minéralogie	Caractérisation minéraux cristallins.	Diffraction X et fluorescence X.
	SAM Chimie org.	Analyse de biochimie. Analyse CH4, CO2, H20. Analyses isotopiques.	1-Spectro. masse, 2-Spectro. Laser accordable, 3-Chromato Phase Gazeuse

Figure 9: Les dix instruments scientifiques embarqués.
En surligné jaune, la participation française.

Avec une charge utile 10 fois plus importante que celle des précédents rovers Spirit et Opportunity, Curiosity est le premier à embarquer un laboratoire de minéralogie à diffraction X tel que CHEMIN et un instrument de spectrométrie par ablation laser tel que CHEMCAM. Le laboratoire SAM est aussi beaucoup plus complet que les expériences de chimie organique et biologie embarquées sur les atterrisseurs Viking. Les autres instruments ne constituent pas de véritables premières mais sont beaucoup plus sensibles que leurs homologues précédemment embarqués. C'est le cas en particuliers des nombreuses caméras qui ont jusqu'à maintenant transmis des images en couleurs réelles ou compensées (pour restituer l'ambiance terrestre afin de faciliter la reconnaissance des structures géologiques) d'une excellente qualité.

La conception d'ensemble de l'instrumentation permet d'optimiser les temps d'analyse en fonction du degré de détail recherché, en allant de:
- l'analyse à distance quasi immédiate de CHEMCAM (quelques minutes à quelques dizaines de minutes) depuis la tête du mât orientable en hauteur et azimut et permettant un sondage rapide.
- Analyse plus détaillée par APXS, en quelques heures, au contact du terrain en déployant le bras télémanipulateur.

- Analyse approfondie pouvant prendre jusqu'à trois jours, dans un des deux laboratoires CHEMIN et SAM, situés à l'intérieur du châssis et nécessitant de délicates opérations de transfert depuis le bras jusqu'aux trappes d'accès au châssis.

Les instruments de suivi environnemental ont la capacité de fonctionner en continu.

2-5 Participation française

Le CNES assure la maîtrise d'ouvrage et le financement de la participation française à l'instrumentation du rover Curiosity.
Les deux instruments concernés par cette participation sont CHEMCAM et SAM. Nous en donnons ci-dessous une rapide description et explicitons la part revenant à la France dans leur fourniture et leur exploitation:

CHEMCAM

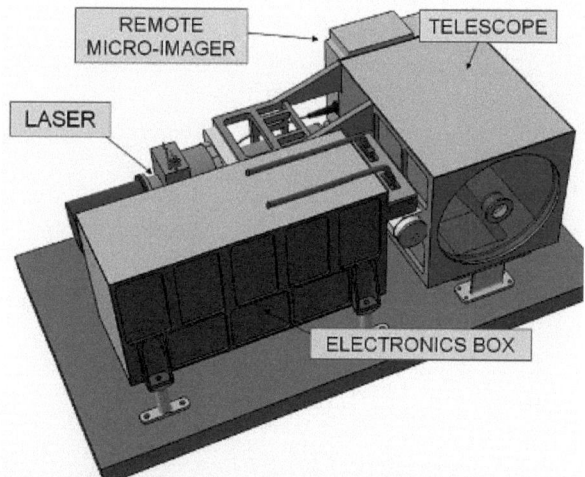

Figure 10 Vue de principe de l'ensemble de la partie de CHEMCAM portée par le mât et fournie par le CNES-IRAP. (Le spectromètre, fourni par le LANL, est situé à l'intérieur du châssis)

Description technique

Placé en tête de mât du rover, l'instrument CHEMCAM, orientable en azimut et hauteur, projette un rayon laser infra-rouge sur une cible de 0,5 mm de diamètre de 2 jusqu'à 9 mètres de distance.

Les impulsions du laser d'une puissance d'un mégawatt (1Gw/cm2) fournie par une batterie de condensateurs, et d'une durée de 5 nanosecondes permettent de porter la cible à une température de 8000°C et créent ainsi un plasma dont la lumière est captée par un télescope. Cette lumière est conduite par une fibre optique sur un spectromètre à l'intérieur du châssis du rover. Le spectre lumineux enregistré sur 6144 canaux est scindé en trois régions couvrant le longueurs d'onde entre 240 et 850 nm.

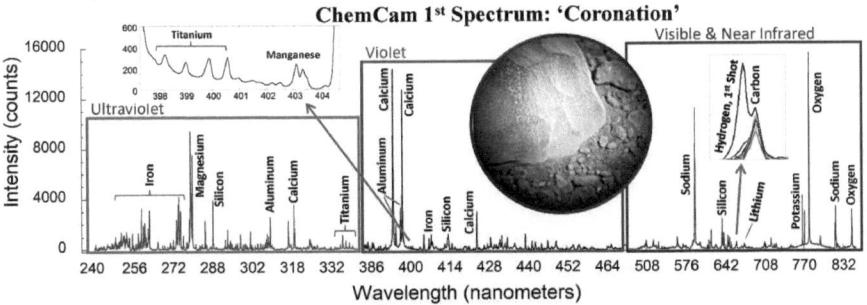

Figure 11: spectre scindé en 3 régions pris sur le rocher "Coronation"

La position des pics spectraux est caractéristique des éléments chimiques constituant le plasma, leur hauteur de l'abondance respective de ces éléments.

Les éléments suivants, entre autres, peuvent être identifiés: sodium, magnésium, potassium, titane, manganèse, fer, hydrogène, oxygène, béryllium, lithium, strontium, souffre, azote et phosphore. Leur caractéristique spectrale ne permet pas une bonne identification du carbone et des halogènes.

Pour dégager la couche superficielle de la roche et pour améliorer la précision plusieurs dizaines de tirs peuvent être effectués sur une même cible.

Avec sa capacité à analyser simultanément l'oxygène et l'hydrogène l'instrument peut aisément détecter la présence d'eau.

L'instrument est très sensible et, lors de sa mise en service, saturait sur certains éléments comme l'oxygène, ce qui a amené à réduire la puissance du laser.

CHEMCAM dispose aussi d'un système optique (Remote Micro Imager, RMI) utilisant le chemin optique du télescope de 110mm de diamètre, et autorisant la prise de photos de contexte du tir laser. Ce système permet aussi les photos à grande distance.

La durée de mise en œuvre de CHEMCAM incluant le temps de préchauffage et l'exécution d'une centaine de tirs, est de quelques dizaines de minutes.

Organisation du projet

La partie laser et télescope de l'instrument est fournie par le CNES, le laser étant sous-traité à Thalès.
La partie spectromètre et analyse de données est fournie par le Los Alamos National Laboratory (LANL).
Le budget de la part française pour cet instrument est de 26M€.
Les équipes d'exploitation de l'instrument (que nous avons rencontrées dans le cadre de ce mémoire) sont composées d'environ 60 ingénieurs et scientifiques répartis en parts égales entre le CNES à Toulouse et LANL aux USA. L'équipe américaine répond au "Principal Investigator" (PI), la partie française au Co-PI, en l'occurrence Sylvestre Maurice, astronome de l'observatoire du Midi Pyrénées.

Dans la phase initiale d'environ 3 mois de mise en service de l'instrument les équipes étaient réunies, avec toutes les autres équipes dédiées aux autres instruments, sur le site du NASA-JPL à Pasadena. Elles travaillaient alors en horaire glissant ajusté au "sol" martien, le jour martien de 24 heures 39 minutes.
Après cette phase de mise en service les équipes sont retournées à leurs affectations d'origine mais travaillent à l'heure californienne de Pasadena où réside le chef de mission qui orchestre l'ensemble des opérations et auquel rendent compte les 10 PI responsables de chaque instrument.

La journée de travail consiste en une succession de réunions très soigneusement minutées, tenues en téléconférence, de manière à constituer le package d'instructions (up-link) d'un "sol" donné à une heure butée compatible avec l'heure de passage du satellite relai (Mars Reconnaissance Orbiter, ou Odyssey) au dessus du site de Gale Crater. La communication entre le rover et le satellite se fait par VHF haut-débit (voir plus haut)
Les données recueillies lors de la vacation avec le satellite sont analysées très rapidement (moins de deux heures) par un tandem ingénieur/ scientifique pour décider s'il y a lieu de modifier les tâches à programmer.
Chaque jour les instructions données à CHEMCAM sont matérialisées par un millier de lignes de code. Une partie importante (plus de la moitié) de la programmation quotidienne consiste en vérification de l'innocuité

des mouvements demandés, par exemple éviter les tirs intempestifs sur le rover lui-même, éviter de placer le télescope sans protection face au soleil...

A chaque opération est affecté par l'organisme qui en fait la demande un ordre de priorité, sachant que les activités de fonctionnement (déplacement, maintenance...) ont priorité sur les activités scientifiques qui, de ce fait représentent moins de la moitié des activités du rover.

Le logiciel de planification interactif partagé entre tous les groupes supports permet d'afficher les budgets temps, énergie et "télémétrie" (data) générés par chaque activité. Les contraintes globales sur la télémétrie sont d'environ 500 Mégabit par jour mais des possibilités de stockage sur le rover ou sur les satellites relais existent et permettent de mettre certaines données non urgentes en attente.

Afin d'éviter que les scientifiques ne privilégient les objectifs immédiats au détriment du long terme, les PI se réunissent périodiquement pour actualiser l'avancement global de la mission.

CHEMCAM est un des instruments du rover les plus sollicités. Il permet de faire des sondages rapides avant de mettre en œuvre des moyens beaucoup plus consommateurs en temps si les indices trouvés le justifient. Lors de notre visite au centre de l'IRAP du CNES à Toulouse, début mars 2013, il avait déjà effectué 42 000 tirs. Une des récentes analyses élémentaires sur des veines rocheuses claires avait révélé une composition identique à celle du gypse (sulfate de calcium di-hydraté) dont la formation est caractéristique d'un environnement liquide.

SAM

Description technique

Avec 45 kg l'instrument SAM représente à lui seul plus de la moitié de la charge utile du rover. Il s'agit d'un véritable laboratoire de chimie organique extrêmement compact de la taille d'un "four à micro-onde" (dixit NASA. Voir figure 10) composé, d'un étage de collecte et préparation des échantillons et de trois instruments d'analyse:

- **Un spectrographe de masse quadripolaire (QMS)** permettant une analyse élémentaire très détaillée, connecté sur une pompe à vide poussé.
- **Un spectromètre à diode laser accordable (TSL)** permettant en particulier de caractériser les gaz atmosphériques et les rapports isotopiques des divers éléments.

- **Six colonnes de chromatographie en phase gazeuse (GC)** permettant la séparation et l'analyse des gaz.

Figure 12: Vue d'ensemble du laboratoire SAM

L'ensemble de l'appareil comporte plus de 600 mètres de tuyauterie, une cinquantaine d'électrovannes pour diriger les produits à analyser vers les instruments spécifiques, des pompes à vide et des systèmes robotisés pour alimenter le carrousel de 74 creusets de pyrolyse. Il est placé à l'intérieur du châssis du rover et est connecté à des trappes d'accès pour les échantillons solides apportés par le bras robotique et pour la collecte des gaz atmosphériques.

Dans un premier temps les échantillons solides apportés par le bras robotisé et tamisés à moins de 150 microns sont dirigés vers l'un des 74 creusets de quartz portés par un carrousel. Si leur nature le permet, les échantillons peuvent être traités par pyrolyse jusqu'à 1000°C, les produits de dégazage pouvant être analysés en continu de manière à établir leur courbe de production en fonction de la température.

Si leur fragilité l'exige (par exemple: acides aminés) les échantillons peuvent être traités par "dérivatisation", procédé de chimie humide qui permet d'effectuer le dégazage à plus basse température sans détruire les molécules. L'entraînement des produits de dégazage se fait par de l'hélium sous pression. La réserve d'hélium embarquée constitue une des limites à la durée de vie du laboratoire, les autres étant le nombre de creusets d'analyse et les réactants de dérivatisation.

Les échantillons atmosphériques sont admis par une trappe dédiée sur le côté du rover et peuvent être acheminés directement vers les modules d'analyse.

Le Chromatographe en phase Gazeuse (GC), fourni par le LATMOS (ex-Service d'Aéronomie. Unité mixte de recherche relevant du CNRS et des universités de Versailles-Saint-Quentin et de Pierre et Marie Curie), assure la séparation et la détection des composés présents dans l'échantillon gazeux. La séparation s'opère dans des colonnes chromatographiques (tubes capillaires métalliques). Le choix d'utiliser 6 colonnes correspond au besoin d'analyser simultanément une très grande variété de composés organiques et inorganiques. Chaque colonne est connectée en amont au circuit d'hélium et en aval aux détecteurs. Elles sont individuellement thermostatées entre environ 30°C et 250°C.

La détection est réalisée en série par des détecteurs à conductivité thermique convenant à des rapports de mélange de quelques pour cents à quelques ppm.

Le signal résultant est un pic correspondant à chaque molécule présente dans le gaz vecteur. Les détecteurs utilisés dans le cadre de SAM sont des "nano-TCD spatialisés" présentant l'avantage de n'être pas destructifs. Le spectromètre de masse, à plus faible seuil de détection, peut ainsi être placé en aval des détecteurs pour assurer une redondance partielle.

Des procédures très étudiées sont appliquées pour s'assurer que tous les circuits sont bien purgés de toute pollution terrestre et garantir que les produits détectés sont bien d'origine martienne.

La mise en œuvre d'une analyse dans le laboratoire SAM peut prendre jusqu'à deux ou trois jours. La consommation de puissance (30 à 40 Watt) nécessaire à la pyrolyse mobilise une part importante de la puissance disponible du rover. Ceci explique l'intérêt des échelons d'analyse intermédiaire comme CHEMCAM pour le sondage rapide à distance, qui ne prend que quelques dizaines de minutes, et APXS (spectrographie X sur bombardement alpha) pour l'analyse au contact qui ne demande pas plus de quelques heures. Mais aucuns de ces deux instruments ne fournit l'analyse précise de composés organiques que peut apporter SAM.

Par rapport à l'instrumentation de chimie organique embarquée sur les atterrisseurs Viking, SAM apporte des améliorations importantes dans 4 domaines:

- La température de pyrolyse monte à 1000° contre 600° pour Viking
- La possibilité d'analyser les isotopes du carbone
- Le nombre de creuset (74) bien supérieur à ceux embarqués sur Viking
- Possibilité d'analyse en chimie humide (dérivatisation)

Organisation

L'ensemble instrumental SAM est sous la responsabilité d'un PI américain, Paul Mahaffy, du Goddard Space Flight Center (GSFC) de la NASA qui assure la maîtrise d'ouvrage et l'intégration de l'ensemble du laboratoire SAM.
La contribution française à SAM (SAM-GC) est sous la responsabilité d'un Co-PI, Michel Cabane, du LATMOS. Cet institut est associé à l'exploitation de l'ensemble du laboratoire

Résultats de SAM

Etant donné l'objectif premier de la mission MSL et la nature des analyses effectuées par SAM, c'est évidemment de cet instrument qu'on peut espérer obtenir les résultats les plus retentissants.
Peu de temps après notre visite la NASA rendait compte d'une très intéressante découverte effectuée grâce au spectromètre laser accordable de SAM sur les rapports isotopiques d'argon 36 et 38. L'enrichissement en isotope lourd est en bon accord avec l'hypothèse d'échappement atmosphérique. L'atmosphère dense d'autrefois paraît donc confirmée.
Autre résultat obtenu par SAM-TSL: absence de méthane sur le site de Gale Crater.
Si les résultats obtenus n'ont pas encore donné lieu à de véritable scoop médiatique, on peut espérer que lorsque Curiosity parviendra en fin 2013

dans la zone d'affleurements argileux au pied du mont Sharp, SAM permette de découvrir et de caractériser des inclusions organiques.

Conclusion et suites possibles de la mission MSL

On ne peut qu'être admiratif devant les prouesses technologiques de la mission MSL-Curiosity. La taille du rover, la précision de son atterrissage, les technologies nouvelles mises en œuvre pour y parvenir, la conduite du projet international aux multiples facettes représenté par l'intégration de l'instrumentation scientifique et son exploitation, tout cela illustre bien la maîtrise de la NASA en matière d'exploration spatiale et de conduite de projet complexe. Elle peut laisser espérer que, l'aiguillon de la Guerre Froide n'étant plus là, le désir de savoir et de comprendre et les avantages propres à la coopération internationale seront désormais suffisants pour maintenir l'élan des découvertes dans un monde où les impératifs économiques tendent à prendre le pas sur la curiosité scientifique.

Le souci constant de la NASA, et maintenant aussi des instances spatiales européennes, de valoriser leurs découvertes aux yeux de la communauté scientifique mais aussi du grand public et des instances politiques qui, *in fine*, approuvent la poursuite des programmes, expliquent l'abondance de la communication -"publish or perish" disent les anglo-saxons- et parfois les hyperboles qu'on y trouve. Le bruit médiatique risque bien souvent de masquer le signal proprement scientifique.

La mission MSL n'est encore que peu avancée, le rover n'ayant couvert depuis son atterrissage que quelques centaines de mètres sur la vingtaine de kilomètres qu'il doit parcourir au cours de sa première année martienne. Nous nous hasarderons cependant à formuler quelques pronostics et commentaires concernant l'atteinte des objectifs fixés par la NASA pour la mission MSL et sur ses suites, en espérant, bien entendu, qu'aucun accident majeur ne vienne en abréger le cours.

Des quatre objectifs énoncés, le premier, **"Déterminer si la vie a pu exister sur Mars"** est sans conteste le plus emblématique de cette mission qui se veut la première d'exobiologie depuis les missions Viking il y a 40 ans. Les premières confirmations des observations satellites (en particulier celles du satellite européen Mars Express) de la présence de phyllosilicates de type "smectites" (argiles riches en fer et manganèse) ont permis à la NASA d'affirmer que de l'eau liquide, d'un PH probablement neutre ou basique, a bien séjourné en des temps anciens pendant une longue période dans le cratère Gale. Dans un communiqué du 11 mars 2013, l'agence américaine pouvait donc affirmer que "les conditions favorables à la vie ont existé sur Mars". Cela semble répondre à ce premier objectif même si cela laisse le public un peu sur sa faim. La vie a-t-elle véritablement existé sur Mars ou seulement des "conditions favorables" à celle-ci? Existe-t-elle encore aujourd'hui? Sous quelle forme? Des réponses claires, positives ou négatives, des réponses qui ne soient pas formulées en terme de probabilité mais appuyées sur des preuves concrètes, seraient, par leur portée scientifique, voire philosophique, tout à fait dignes de la sensation qu'elles créeraient.

Peut-on espérer découvrir des molécules organiques, préservées par exemple dans des argiles très anciennes, et portant la signature incontestable de la vie? Rêvons un instant que ce soit le cas. Il faudra alors se demander si cela correspond bien à la vie que nous connaissons sur Terre dans toute sa diversité actuelle ou s'il s'agit d'un autre rameau de vie, différent du rameau terrestre originel. Quelle que soit la réponse, elle ne manquera pas d'influencer profondément notre compréhension de la vie sur Terre et dans l'Univers.

Plus difficile que de démonter l'existence de la vie si des preuves positives se manifestent, sera la capacité à conclure que la vie n'a pas existé sur Mars si aucune de ces preuves n'apparaît. Il sera toujours tentant d'imaginer qu'il fallait aller voir ailleurs, plus loin, plus profond, que cette vie a disparu trop tôt et que les signatures moléculaires étaient trop fragiles pour avoir pu voyager jusqu'à nous, ou que la vie martienne est d'une forme tellement supérieure à la notre qu'elle a su échapper à notre curiosité…Nous sommes tentés de dire que la mission MSL a peu de chance de clore le débat.

Le deuxième objectif **"Caractériser le climat de Mars"** n'est sans doute pas d'un enjeu aussi ambitieux que le premier, même s'il peut permettre d'instruire la question de la vie. La température, la pression, la composition de l'atmosphère martienne, sa stabilité dans le temps ou, au contraire, comme cela semble probable, son extrême variabilité, les caractéristiques du spectre solaire et des rayons cosmiques à la surface de la planète, auront sûrement créé des contraintes sur la forme de vie ayant pu émerger sur Mars et sur son évolution. La station météo REMS qui équipe Curiosity, malgré les problèmes qu'elle a rencontrés à l'atterrissage (des projections de cailloux ont endommagé une sonde anémométrique), a déjà fourni des informations intéressantes sur la température dans le cratère de Gale. Elle est supérieure (entre -80°C et + 3,5°C) que ce que l'on attendait compte tenu de la saison. La longueur de la mission, couvrant les quatre saisons martiennes, va permettre un saut quantitatif dans notre compréhension des cycles de l'eau, du gaz carbonique et des poussières et donc une bien meilleure compréhension des mécanismes atmosphériques actuels.

Les analyses isotopiques faites par SAM a pu fournir des informations précieuses, grâce à l'étude des rapports isotopiques de l'argon, sur l'évolution de la composition des différents gaz composant l'atmosphérique et sur leur taux d'échappement. Avec l'apport des investigations géologiques, on peut aussi espérer améliorer notre compréhension de l'histoire climatique de la planète, avec cependant les limites inhérentes au caractère très local de la mission.

Le troisième objectif **"Caractériser la géologie de Mars"** a toute chance d'être largement rempli étant donné la nature et la qualité des instruments embarqués, en particulier le laboratoire d'analyse minéralogique CHEMIN qui, pour la première fois, permet de caractériser par diffraction X les roches rencontrées. C'est cet instrument qui a identifié sans ambiguïté les argiles découvertes au mois de mars 2013 sans attendre les states argileuses si prometteuses au pied du mont Sharp qui ne devraient être atteintes que fin 2013.
La stratigraphie très bien ordonnée et donc très lisible rencontrée sur les contreforts du mont Sharp peut aussi laisser espérer de la mission qu'elle donne une datation beaucoup plus précise des ères géologiques martiennes, celles-ci étant jusqu'à ce jours datées de façon très approximative en comparant le degré de cratérisation des terrains martiens à ceux de la lune dont on a des datations absolues.
L'histoire géologique du cratère d'impact de Gale et du Mont Sharp, la montagne de 5000 mètres qui occupe son centre et dépasse largement le pourtour du cratère et l'histoire des phases d'érosion capables de créer un tel relief, donnent lieu à des théories qui ne sont pas acceptées par tous. Si la mission permet de trancher dans la controverse, notre compréhension de l'histoire géologique s'en trouvera améliorée.
Les principales limites à la véritable caractérisation de la géologie martienne tiennent à deux facteurs: le caractère très local et peut être pas très représentatif des échantillons étudiés et l'impossibilité d'étudier le sous-sol au delà des 6cm auquel le foret embarqué donne accès.

Le dernier objectif **"Préparer l'exploration humaine"**: le détecteur de radiation RAD (voir description en annexe) est l'instrument qui concourt le mieux à cet objectif. Il est le seul instrument à avoir été financé par le département de la NASA responsable des vols habités interplanétaire. Il a fonctionné pendant toute la traversée Terre-Mars et doit poursuivre une veille continue (15 minutes toutes les heures) pendant toute la mission au sol. La NASA publiait en mai 2013 un communiqué indiquant que la dose reçue pendant la croisière Terre–Mars, dans un contexte d'activité solaire relativement calme, était de 1,8 mSv/jour. Pour référence la dose reçue lors d'un aller-retour Paris New-York en avion est de 0,08 mSv et la dose limite pour un travailleur de l'industrie nucléaire en France est de 20 mSv/an. On estime que le risque de cancer est accru de 5% pour une dose reçue d'1 Sv. Ces relevés devraient permettre de dimensionner les protections radiologiques nécessaires aux cosmonautes lors des vols interplanétaires et d'une éventuelle exploration martienne habitée.

C'est sans doute parce que les scientifiques du JPL à Pasadena ne voient pas dans l'exploration humaine un objectif scientifique en soi qu'il mérite cette position dans l'ordre des objectifs de la mission. Il n'en demeure pas moins vrai qu'une bonne connaissance de l'environnement radiatif, UV (détecteur UV fourni au titre de la station météo par les Espagnols), rayons cosmiques, vent solaire et autres évènements énergétiques provenant du soleil, fournit des indications utiles sur la possibilité pour des composés organiques et *a fortiori* pour la vie de résister en surface de la planète, puisque Mars ne dispose ni de magnétosphère ni de couche d'ozone protectrice.

Les suites possibles de la mission MSL-Curiosity

A moins d'accident de fonctionnement, la prolongation de la mission MSL au delà de la première année martienne paraît chose acquise, d'après nos interlocuteurs de l'IRAP à Toulouse. Nous avons vu que, tant la source d'énergie que le plupart des instruments sont largement dimensionnés pour pouvoir étendre leur durée de service de nombreuses années, peut-être 10 ans ou plus, sauf, sans doute, une partie du laboratoire SAM qui utilise des produits consommables. La NASA nous a habitués à ces prolongations de programme. Voir par exemple le rover Opportunity, atterri sur Mars en janvier 2004, prévu initialement fonctionner 3 mois (90 sols) et, 9 ans après, toujours en action de l'autre côté de la planète.

Le lancement du satellite MAVEN (Mars Atmosphere and Volatile Evolution) autour de Mars est programmé pour fin 2013. Il s'agit d'un projet de taille moyenne (programme "Scout" de la NASA de moins de 485 MUSD). Son objectif principal est de mieux comprendre comment a disparu une grande partie de l'atmosphère martienne, comment cette atmosphère continue à évoluer et ses interactions avec le vent solaire.

En novembre 2013 l'agence spatiale indienne ISRO enverra le satellite Mangalyaan sur une orbite très elliptique autour de Mars (372 km au plus près, 80000km au plus loin). Il s'agira avant tout d'une mission de démonstration de capacité visant à préparer d'autres missions interplanétaires.

La mission conjointe ESA-Russian Federal Space Agency "Trace Gas Orbiter" est prévue pour 2016. Elle devait initialement combiner l'envoi d'un orbiter et de l'atterrisseur ExoMars, mais cette dernière partie du programme sera probablement repoussée et on ne dispose toujours pas aujourd'hui d'une définition stable de la mission (Nos interlocuteurs de l'IRAP semblaient envisager une mission MSL-bis comme alternative à Exo-Mars). L'orbiter quant à lui remplirait une double fonction de relai radio pour les communications avec le sol martien et de poursuite de l'analyse des gaz à l'état de trace dans l'atmosphère martienne, en particulier du méthane, pouvant avoir une origine biologique.

L'atterrisseur InSight, une mission "Discovery" (moins de 425 MUSD), utilisant la même base que la mission Phoenix jugée très réussie par la NASA (excellent rapport qualité/prix), est prévu d'être lancé en mars 2016. Il sera équipé d'un sismomètre passif à 3 axes et à très large bande fourni par le CNES et l'Institut de Physique du Globe de Paris et d'une sonde de mesure de flux thermique qui sera insérée dans le sous sol martien grâce à une "taupe" (fournie par l'agence spatiale allemande) creusant jusqu'à 5 mètres de profondeur. Les analyses sismiques et de flux thermique devraient nous renseigner sur la structure interne de la planète, en particulier sur la subsistance d'un noyau liquide.

La mission martienne la plus ambitieuse envisagée actuellement est le programme "Mars Sample Return" de la NASA. Il est décrit dans la proposition de programme décennal du National Research Council pour l'Exploration Planétaire (ref. 2) avec un niveau de détail suffisant à prouver son sérieux. Il s'agit d'une série de 3 missions "gigognes", la première pour rechercher des échantillons de sol martien susceptibles d'intérêt, les encapsuler et les mettre à l'abri, la deuxième pour récupérer la capsule d'échantillons et la remonter en orbite autour de Mars et la troisième pour la rapporter sur Terre. Le programme pose un certain nombre de défis technologiques, l'un des moindres n'étant pas la mise au point de la "protection planétaire" de Mars vers la Terre afin d'assurer qu'aucune contamination martienne avec des conséquences peu prévisibles, mais riches en potentiel pour les amateurs de science fiction, ne vienne affecter notre planète domestique. L'ensemble du programme est d'une taille très importante (estimé à plus de 8,5 milliards USD. Voir ref. 2). La première étape tirerait largement profit des technologies développées pour MSL-Curiosity. Elle pourrait intervenir en 2020 et il s'étendrait sur plus d'une décennie, étant donné la fréquence des fenêtres de tir.

Le tableau en annexe 11 récapitule les missions passées et prévues à moyen terme. On notera la difficulté des missions martiennes qui se traduit par un fort taux d'échec et la position très dominante acquise par les américains. (N.B: les missions InSight et Mangalyaan décidées en 2012 ne figurent pas sur le tableau)

On célébrera l'année prochaine le cinquantième anniversaire du premier survol de Mars par la sonde Mariner IV. Nul doute que ce demi-siècle d'exploration martienne a totalement révolutionné notre compréhension de la planète rouge.

On prend cependant conscience de l'immense chemin qui reste à parcourir dans la compréhension de l'histoire géologique, climatique et éventuellement biologique de la planète Mars quand on voit tous les débats de spécialistes auxquelles ces disciplines donnent lieu encore aujourd'hui quand il s'agit de notre propre planète Terre, à portée pourtant des instruments d'analyse les plus sophistiqués. On réalise aussi tout l'intérêt qu'il peut y avoir à rapporter sur Terre des échantillons martiens pour y réaliser des analyse incomparablement plus fines que ne peuvent être les analyses robotisées dans des laboratoires embarqués miniaturisés.

Nul doute aussi que, dorénavant, à moins d'un changement de paradigme, il ne faille mettre en jeu des moyens de plus en plus importants (voir Mars Sample Return) pour espérer récolter des résultats scientifiques de plus en plus "incrémentiels". C'est peut être ce changement de paradigme qu'apporterait la découverte par la mission MSL de vie martienne, passée ou présente.

Un autre facteur capable de ranimer les énergies serait à attendre, si ce n'est à espérer, d'un renouveau de la compétition internationale. L'entrée dans l'arène de l'exploration spatiale de la Chine et de l'Inde, nouvelles grandes puissances de ce 21ème siècle, pourrait donner un coup d'accélérateur à l'exploration martienne comparable à celui qui a mis le premier homme sur la lune. Il paraît peu probable, en effet, que l'immense effort technologique et budgétaire que représenterait une mission habitée sur Mars puisse être approuvé par les décideurs sans cette incitation non pas scientifique mais proprement politique (même si le Président Obama annonce un vol habité vers Mars pour la décennie 2030…)

Faute de ces nouvelles incitations, nous devrons sans doute nous contenter de la force acquise et d'un certain nombre de missions, sans doute plus spécialisées que ne l'est MSL, se renouvelant tous les 25 mois, chacune venant retoucher l'image que nous nous faisons de notre voisine.

Pour conclure sur une note plus philosophique. Il n'est pas exclu qu'une étude approfondie de Mars qui, du fait de l'absence de tectonique des plaques a conservée des archives géologiques incomparablement plus lisibles que la Terre, nous apporte des réponses à des questions difficiles concernant la Terre, sa formation, son histoire géologique, l'évolution de son atmosphère et l'émergence de la vie.

Remerciements

Je souhaite très vivement remercier Alain Doressoundiram, astronome à l'Observatoire de Paris qui m'a guidé au cours de cette étude. Il m'a permis de participer à la vie du projet Curiosity en organisant ma visite à l'IRAP de Toulouse ou a été conçu et d'où est dirigé l'instrument CHEMCAM embarqué sur le rover Curiosity.

Je voudrais aussi remercier les scientifiques et ingénieurs de l'équipe CHEMCAM de Toulouse à commencer par Sylvestre Maurice et Olivier Gasnault qui se sont prêtés patiemment à mes questions et m'ont ouvert sans retenu les portes de leur centre de commande.

Merci enfin à Michel Safir pour ses encouragements au cours de ma recherche.

Annexe-1

Principales caractéristiques de Mars ayant pu influencer la présence de la vie

		Conséquences
Distance du soleil (xTerre)	1,52 UA	Flux solaire 2,25 fois moins important que sur Terre (600 W/m2) Année martienne: 686 jours terrestres Période sinodique de 25 mois
Masse (xTerre)	6,64x10²³kg (11%)	
Rayon (xTerre)	3340km (53%)	Surface comparable à surface continentale terrestre Densité 3,94 (5,5) Champ gravitation 3.72 N/kg (38%)
Vitesse de libération (xTerre)	5km/s (45%)	Moindre stabilité des molécules de faible masse atomique dans l'atmosphère à T identique
Durée du jour ("sol")	24h39mn	
Durée de l'année (xT.)	686 jours terrestres (1,88T)	
Excentricité de l'orbite (Terre)	0,093 (0,017)	Orientation actuelle de l'axe des absides entraîne une grande dissymétrie des saisons entre les hémisphères sud et nord
Satellites	Phobos 13x11x9km Déimos 7x6x5 km	Trop petits pour stabiliser l'obliquité (contrairement à la Lune. c.f. J. Laskar)
Obliquité	Variation chaotique 0-60°Actuellement 25,2°	Très fortes variations climatiques (fréquence encore indéterminée)-> traces glaciers sous l'équateur.

		Conséquences
Magnétisme	Absence de magnétisme global et magnétosphère protectrice. Magnétisme rémanent dans laves très anciennes au Sud. Absence dans laves plus récentes	Magnétisme global fort -> 3,5-4Ba Magnétosphère protégeant du vent solaire a disparu brutalement-> disparition plupart CO_2 et N_2 à égale proportion.
Tectonique de plaques	Une seule plaque. Absence de tectonique des plaques. Pas de remaniement profond des sols seulement érosion, sédimentations, altération dues aux rayonnement et aux impactes de météorites	Taille/type de volcans (>20km) Excellente préservation des archives géologiques depuis la fin du Grand Bombardement Primordial
Géologie, minéralogie	Forte dichotomie entre Sud très ancien (4Ba) fortement cratérisé et Nord plus récent avec vastes plaines basaltiques peu cratérisées. Roches surtout magmatiques (basaltes, olivine) mais présence d'argiles très anciennes. Présence très faible de calcaires (à ce jour)	Argiles-> présence ancienne eau liquide pérenne dans le passé (Pression plus forte) Peu de carbonates -> processus de disparition du C_2 atmosphérique $\neq$ Terre. Probablement exposition au vent solaire avec perte du magnétisme global.
Composition atmosphère	CO_2 96,0%, N_2 1,9%, Ar 1,9%,O_2 0,13%,CO 0,07% H_2O 0,03%, CH_4 traces (à confirmer),poussières, vents	Si CH_4 est confirmé, instabilité atmosphérique -> source (chimique ou biotique?)
Pression au sol (T)	6hPa (1000hPa)	<PT de l'eau-> pas H_2O liquide en surface. En profondeur peut être ?
Températures	A l'équateur entre -100et +20°c	Km de pergélisol. Au dessous eau liquide possible

Annexe-2

Carte de Mars

Echelle des temps géologiques martiens

Annexe-3

MastCam 100 et MastCam 34

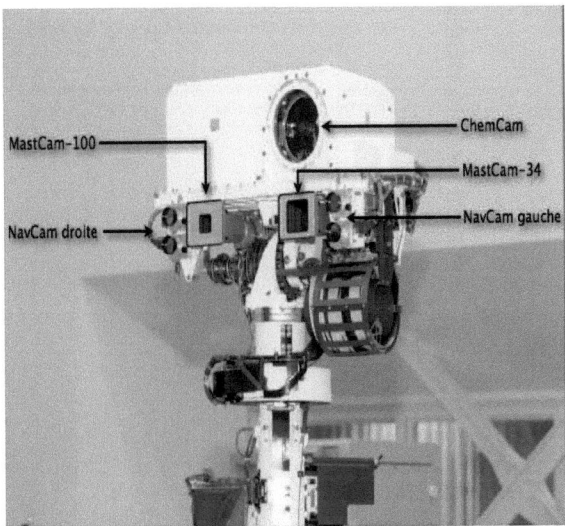

- Situés en haut de mât à 2m
- CCD 1600x1200pxl
- Capable de prise directe en couleur avec filtre Bayer ou en N/B avec filtres spécifiques en visible et IR.
- Possibilité de viser le soleil pour mesurer la poussière.
- Résolution 3 fois meilleure que Spirit/Opportunity: MastCam f100:
  - 7,4 cm/pxl à 1km
  - 150 microns/pxl à 2m
- Mise au point possible de 2m à infini
- Possibilités vison stéréo 3D, vidéo
- Mémoire flash de 8Gb

Annexe-4

Mars Hand Lens Imager (MAHLI)

- Situé en bout du bras robotique
- CCD 1600x1200 pxl
- Utilisé essentiellement au contact comme "loupe de terrain" du géologue:
  - résolution:14microns/pxl à 21mm
  - Champ 2,2x1,7 cm
- couleur, autofocus
- possibilité de mise au point jusqu'à 1m: contexte, autoportrait du rover, diagnostique de pannes...
- Possibilité d'éclairer en UV pour étudier la fluorescence UV
- Mémoire flash 8Gb

Photo prise par Mastcam sur Mars. Outil de brossage installé en tête de bras (visible à droite de MAHLI)

Photo prise par MAHLI sur Terre

Annexe-5

Mars Descent Imager (MARDI)

- Située sous châssis
- CCD 1600x1200 pxl
- Filme descente depuis 3,7km jusqu'au sol (largement diffusé par les médias)
- Permet de situer précisément le point d'atterrissage et déterminer les points d'intérêt prés de celui-ci.
- Utilisation optionnelle après atterrissage pour filmer les déplacements.
- Champ 70°x55°
- Mémoire flash 8 Gb

Annexe-6

Alpha Particle X-Ray spectrometer (APXS)

- Situé en tête du bras articulé porté au contact de la cible
- Déjà présent sur précédentes missions mais plus sensible.
- Une source **Curium 244** (1/2 vie: 18 ans) **émet Alphas et X** sur la cible d'1,7 cm de diamètre qui réémet des X à des énergies caractéristiques des éléments contenus.
- Le détecteur proche de l'échantillon (19mm) peut être refroidi pour travailler de jour comme de nuit.
- Permet de déterminer l'abondance de Sr, Na, Mg, Al, Si, Ca Fe, S, Cl, Br.+ sels de S,Cl,Br
- méthode originale "scatter peak" pour voir des éléments invisibles aux X tels que O.
- En 10 min précision en concentration de 0,5%
- En 3 Hr précision <100 ppm.
- ➤ **Fourni par Canadian Space Agency sur base d'instrument développé au Max Planck Inst. Gr.**

Photo prise sur Mars par MastCam

Annexe-7

Chemistry and Mineralogy

- Situé dans le châssis à l'avant du rover
- Caractérise par **diffraction X** (première spatiale) **les minéraux cristallins** pulvérisés transmis par le bras robotique.
- Diamètre échantillon~1cm placé sur carrousel à 26 positions
- Source X: électrons sur cible Cobalt
- Détecteur CCD sensible aux X refroidi à -60°C-> fonctionnement de nuit
- Durée d'une analyse environ 10hr. Peut nécessiter plusieurs nuits de fonctionnement
- La composition chimique peut être déterminée par **fluorescence X** pour les atomes de masse supérieure au sodium (11), e.g rapport Fe/Mg dans Olivine. La fluorescence X s'applique aussi aux minéraux non-cristallins: ex: verre volcanique.
- Sensibilité de détection des minéraux: 3%
- Exemples de minéraux: phosphates, carbonates, silicates, sulfates.

> **Instrument miniaturisé mis au point par la NASA utilisé dans d'autres domaines tels que géologie terrestre, analyse des contrefaçons en pharmacie, archéologie...**

Annexe-8

Dynamic Albedo Of Neutrons (DAN)

- Situé à l'arrière sur à l'arrière droit du rover.
- Fonctionne sur le principe du ralentissement des neutrons réfléchis par les atomes d'hydrogène plus légers.
- Côte à côte émetteur et récepteur de neutrons.
- Peut fonctionner en mode passif en utilisant les neutrons cosmiques (comme Mars Odyssey)
- ou en mode actif en pulsant des neutrons à haute énergie avec des pulses de une microseconde répétées 10 fois/sec. 10^7 neutrons par pulse.
- DAN mesure le temps de vol (profondeur) et l'énergie des neutrons réfléchis.
- Sensibilité jusqu'à 0,1% d'H2O à 50cm tout au long du périple du rover.

> **DAN est développé et dirigé par L'Institut Fédéral Russe de Recherche Spatiale sur un principe mis en œuvre dans la recherche pétrolière**

Annexe-9

Radiation Assessment Detector (RAD)

- Situé sur le pont du rover.
- Contient 2 types de détecteurs permettant détection de 26 différents types de particules chargées, neutrons et rayons gamma en provenance du soleil et des rayons cosmiques.
- A fonctionné pendant les 8 mois de croisière spatiale
- Double objectif:
  - Incidence possible sur la vie martienne (à quelle profondeur pourrait-elle subsister)
  - Santé des éventuels astronautes

> **Fourni par Southwest Research Institute en coopération avec Université Christian Albrecht à Kiel en Allemagne**

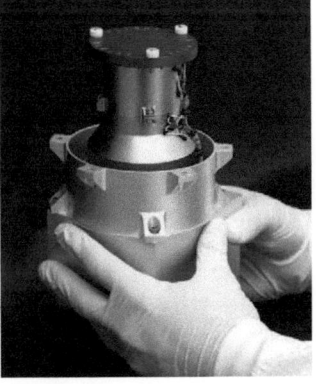

Annexe-10

Rover Environmental Monitoring Station (REMS)

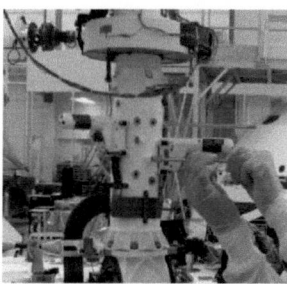

- Mesure du vent, des températures et de l'humidité située à mi-hauteur du mât (un détecteur de vitesse du vent endommagé à l'atterrissage)
- Mesure de la pression à l'intérieur du châssis
- Mesure de tout le spectre UV dans 6 longueurs d'onde sur le pont du rover
- P et T enregistrés en continue
- ➢ **Station fournie et dirigée par le Centro de Astrobiologia espagnol, en coopération avec la Finlande pour les pressostats. Elle transmet un bulletin météo quotidien**

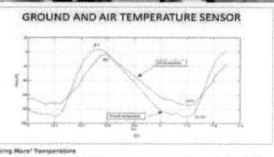

GROUND AND AIR TEMPERATURE SENSOR

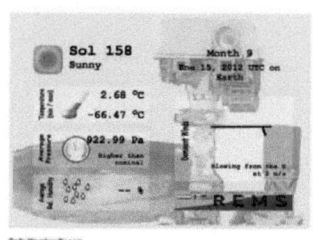

Daily Weather Report

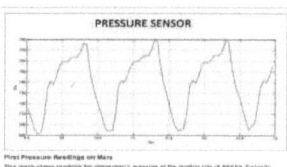

PRESSURE SENSOR

Annexe-11

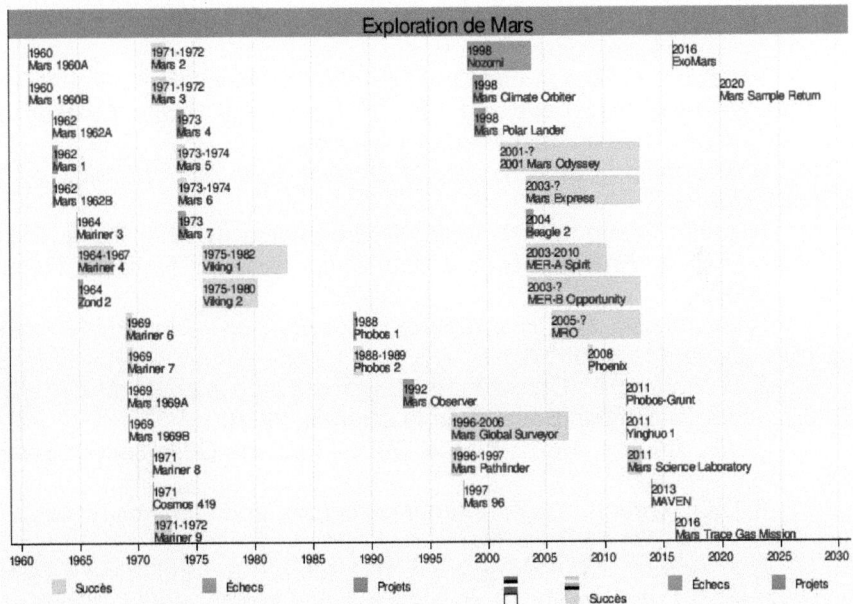

Exploration de Mars

Bibliographie

1. National Aeronautics and Space Administration. Novembre 2011. *Mars Science Laboratory Launch.* Press Kit. www.nasa.gouv

2. National Research Council. 2012.*Vision and Voyages for Planetary Science in Decade 2013-2022. Chapter 6. Mars: Evlution of an Earth-like World.* The National Academies Press.

3. M.Séguin, B.Villeneuve. *Astronomie et Astrophysique.* 2002. DeBoek University.

4. Task Group on Organic Environments in the Solar System. *Exploring Organic Environments in the Solar System.* National Reserach Council. 2007.

5. *Evidence for Hydrothermal Vents on Mars.* Astrobiology Magazine. Posted Nov. 06, 2010.

6. F. Forget, F. Costard, Ph. Lognonné. *La planète Mars. Histoire d'un autre monde.* Edition Belin. Pour la science. 2006.

7. J.P. Bibring. *Mars Planète Bleue?* Editions Odile Jacob. Sciences 2009.

8. D.O. Gough. *Solar interior structure and luminosity variations.* Solar Phys., 74 (1981), PP 21-34

9. F. Forget, R.D. Wordsworth, E. Millour, J-B. Madeleine, L. Kerber, R. Haberle, J.W. Head. Laboraoire de Météorologie Dynamique. CNRS/UPMC/IPSL; Paris, Francz (forget@lmdjussieu.fr), NASA/Ames Research Center USA Brown University, Providence, USA_*Modeling the global early Martian climate and water cycle.* Third Conference on Early Mars. 2012.

10. R.Wordsworth. *Transient conditions for biogenesis on low-mass exoplanets with escaping hydrogen atmospheres.* Laboratoire de Métrologie Dynamique, Institut Pierre Simon Laplace, Paris France Mars 2012.

11. NASA JPL News &Features 20 Jan. 2013. *Martian Crater May once Have Held Groundwater-fed Lake.* Mise en évidence de calcaire et argile au fond du cratère Mc Laughlin par instrument CRISM sur Mars Reconnaissance Olrbiter (MRO)

12. Conférence "Sciences à Cœur" Université Pierre et Marie Curie Saison 5. *Rencontre autour de l'exploration spatiale: Mars Science laboratory et le robot Curiosity.* Prof. Michel Cabane LATMOS. 15 novembre 2012.

13. 40th Lunar and Planetary Science Conference (2009) [archive] James H. Roberts, Rob Lillis et Michael Manga, « *Giant impacts on early Mars and the cessation of the Martian dynamo.* »

14. Portail internet du CNES MSL-Curiosity , 20 août 2012- onglets SAM et CHEMCAM.

15. Jim Bell Professeur d'astronomie à Cornell Universtity. Lead Scientist pour le système d'imagerie Pancam embarqué sur les Rover Spirit et Opportunity. Récit des missions Spirit & Opportunity: *"Postcards from Mars"* Edition Plume 2006.

16. François Raulin professeur au Laboratoire Interuniversitaire des Systèmes Atmosphériques (LISA). Conférence du 24 avril 2013 à l'ESCPI *"L'exobiologie: étude de la vie dans l'univers"*

17. Stephen Jay Gould. *"L'éventail du Vivant. Le mythe du progrès" (titre original "Full House")* Edition du Seuil 1997.

18. R. Dawkins *"The Selfish Gene".*Oxford University Press1989.

19. Muriel Gargaud, Hervé Martin, Purification Lopez-Garcia, Theirry Montmerle, Robert Pascal *"Le soleil, laTerre...la Vie. La quête des origines".* Edition Belin Pour la Science 2009.

20. J. Laskar & al. *Long term evolution and chaotic diffusion of the insolation quantities of Mars.* Icarus Vol 170 Issue 2, p343-364 08/2004

Printed by Books on Demand GmbH, Norderstedt / Germany